ゼロから覚える

HTML・CSSと
Webデザイン

魔法の教科書

著

中島俊治

栗山浩一

ナツメ社

目次 Contents

Chepter3 ページを装飾するCSS

Chepter4 Webデザインの基本知識

Chepter5　実践！Webサイト制作

ダウンロードサービス

　本書では各セクションのHTML・CSSファイルのデータを実際にダウンロードすることができます。本書を読みながらコードで確認したり、実際にWeb上にどのように表示されるかを確認したりすることができます。

　下記の小社Webサイト内、本書のページよりダウンロードしてください。

URL　▶　`https:www.natsume.co.jp`

ファイルの取り扱いの注意点

・著作権は本書著者に帰属します。無断でインターネット上での公開・配布などを行うことを禁じます。
・ファイルサイズが大きいため、Wi-Fiなどでの従量課金以外での環境でダウンロードをおすすめします。
・ご使用のOSやバージョンによっては画面が異なる場合があります。

Webページ作成の
基本知識

皆さん、こんにちは。Chapter1からChapter3まで担当する中島俊治です。HTML、CSSを楽しみながら学んでいきましょう。

Webページを作成するためのツール、操作方法、そしてコードサンプルも多く掲載していますので、ぜひ手を動かしながら、楽しく学びを深めてください。

それでは、さっそく始めていきましょう。

Webサイトの基礎

では早速、Webサイトの基礎として、Webを制作するための知識を学びましょう。Webを構築するHTML・CSS以外にも必要なものがあります。ここではそのような基礎から丁寧に解説していきます。

❶ Webサイトとは?

1.Webとは

皆さんは、普段なにげなく「Web」という言葉を使っていませんか? Webページ、Webサイト、Webブラウザ、Webアプリケーション、続きはWebで…などです。このWebは「World Wide Web」の略です。「World Wide」は世界中の、「Web」は蜘蛛の巣、「世界中に張り巡らされた蜘蛛の巣」ということになります。

たとえば、皆さんがあるWebサイトでページ上のテキストをクリックして、違うページに移動することがあります。これは、一般的には「リンク」と呼ばれます。その「リンク」は、Webサイト内外で放射線状に張り巡らされています。その様がまるで蜘蛛の巣であることから「World Wide Web」という言葉が生まれ、それを略して「Web」と呼ばれています。リンクで張り巡らされた様、関連技術などになります。

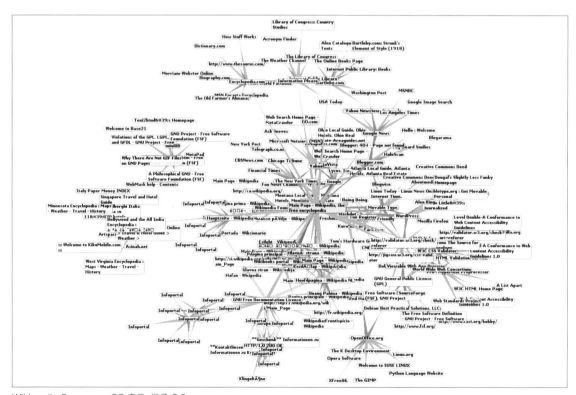

Wikimedia Commons, CC 表示-継承 3.0
https://commons.wikimedia.org/w/index.php?curid=17754
世界中に張り巡らされた蜘蛛の巣のように見えることから「Web」と呼ばれている。

2.Webページとホームページ

皆さんが、今から作ろうとしているものは「ホームページ」です。ここでひとつ知っておいてほしいことがあります。

「ホームページ」というのはもともと、ブラウザを起動した際に最初に現れる Web ページ、もしくは Web サイトのトップページになります。そのほかのページも含め、個々のページを「Web ページ」、それらが集まったものを「Web サイト」と言いますので、心に留めておいてください。本科目では、今から「Web ページ」の作り方を学んでいきます。

なお、一般的には「Web ページ」も「ホームページ」も同じ意味だと思っている方々もいますので、そこは柔軟に解釈してください。

3.世界で初めてのWebページ

それでは、ここで、世界で最初の Web ページをご紹介します。 1991 年スイスの CERN（欧州原子核研究機構）の物理学者 ティム・バーナーズ・リー さんが、世界で最初の Web ページを作りました。

World Wide Web

The WorldWideWeb (W3) is a wide-area hypermedia information retrieval initiative aiming to give universal access to a large universe of documents.

Everything there is online about W3 is linked directly or indirectly to this document, including an executive summary of the project, Mailing lists , Policy , November's W3 news , Frequently Asked Questions .

What's out there?
　　Pointers to the world's online information, subjects , W3 servers, etc.
Help
　　on the browser you are using
Software Products
　　A list of W3 project components and their current state. (e.g. Line Mode ,X11 Viola , NeXTStep , Servers , Tools , Mail robot , Library)
Technical
　　Details of protocols, formats, program internals etc
Bibliography
　　Paper documentation on W3 and references.
People
　　A list of some people involved in the project.
History
　　A summary of the history of the project.
How can I help ?
　　If you would like to support the web..
Getting code

World Wide Web（復刻版）
http://info.cern.ch/hypertext/WWW/TheProject.html

みなさんはこのページを見てどう思いますか？　私も授業中、学生たちに聞いたところ、「文字だけだ」「シンプルだ」「面白みがない」「必要最小限の内容だ」という意見がありました。研究所でしたらこれでもよいのですが、今の私達には物足りないですね。それは、画像やデザインが不足しているからでしょう。

確かに、見出しは太字で大きく表示されており、文も段落ごとに揃えられています。リンクも色が変わっていて下線が引かれています。でもデザインや画像はほとんどありません。

私達は、Web ページの作り方の中で、まず、シンプルな Web ページを作り、画像を追加し、デザインを変えていきます。さらに動画やアニメーションの機能も学びます。ワクワクしますね。そのワクワク感を大切に学んでいきましょう。

4.HTMLとCSS

　では、その Web ページは、何でできているんでしょうか。Web ページは、「HTML」と「CSS」を使って作られています。

　「HTML」は、Web ページの中身が何であるかを示すものです。Web ページだと、「ここがヘッダーの部分」「ここが見出しの部分」「ここが重要な部分」「これは画像」などを「構造」と言い、「HTML」は、その構造を示すものです。これを人間にたとえてみましょう。「ここが頭蓋骨の部分」「ここが首の部分」「ここが肋骨の部分」。そう、骨だと思うとよいですね。

　「CSS」は、かんたんに言うと Web ページのデザインのことです。「この文字の色は青色」「この文字の大きさは 16px」「この部分は 1px の太さの実線の枠線を引く」「この部分の背景はオレンジ」など、Web ページのそれぞれの部品のスタイルを指定します。これも人間にたとえると、「ホワイトのロゴシャツ」「スキニージーンズ」「淡いピンクのジャケット」。そう、洋服だと思うとよいでしょう。

　しかもこの「CSS」は、アニメーションや三次元の表示まで可能になっています。本書でも解説しますので楽しみにしていてください。

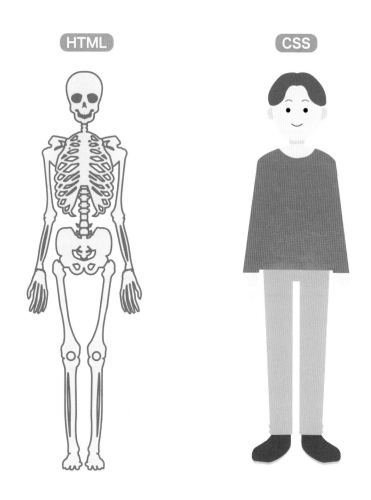

Webページは HTML・CSS を使って作られている。HTML は人間でたとえると骨になり、CSS は洋服になる。

5.JavaScriptとPHP

　HTMLとCSS（＝骨と洋服）でWebページができていることはわかりました。本書のメインは、そこまでですが、人間には筋肉がありますね。それにより、歩いたり、走ったり、跳ねたり、跳んだりすることができますが、Webページにはないのでしょうか。

　Webページには「JavaScript」があります。かんたんにいうとプログラムです。プログラムは計算をしたり、Webページの表示やデザインを書き換えたり、様々なセンサとやり取りして、モータを動かすことも可能です。つまり、「JavaScript」は「筋肉」です。

　また、最近、Webサイトの制作にはWordPressというCMS(コンテンツ・マネージメント・システム)が使われます。HTMLやCSSを知らなくてもブログ感覚でWebページを作れるのですが、そのWebページのもととなるデータはテーマと呼ばれ、これらは、HTMLやCSSが使われています。

　このWordPressではPHPというサーバー側のプログラムが使用されています。そのPHPを使えば、WordPressでよりオリジナルなWebページを作ることができます。

　本書では、紹介に留めていますが、もしWebページの「筋肉」である「JavaScript」、WordPressの「PHP」に興味があれば、本書でHTMLとCSSを学ばれたあとに、ぜひ引き続いて学びを深めてください。

❷ ブラウザの種類

　ここで、皆さんに質問です。皆さんは、どんなブラウザを使っていますか？

　ブラウザというのは、インターネット上のWebサイト・Webページを閲覧することのできるソフトです。語源は「Browser」。拾い読みすることです。ここでは主だったブラウザの種類を見ていきましょう。

1.Google Chrome

　Google Chromeは、Googleが提供するブラウザです。会員登録機能もあり、それにより、Googleのサービスを、複数の端末で共通して利用することができます。それらのおかげで、2022年現在、世界中で6割以上（パソコン／スマートフォン合わせての数値で以下同様）の人々が使っている、とてもポピュラーなブラウザです。

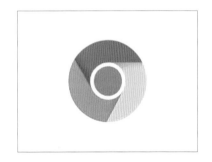

2.Microsoft Edge

　Microsoft Edgeは、Microsoftが提供するブラウザです。サポートを終了したInternet Explorerの乗換先として提供されていて、2022年現在、世界中で1割以上の人々が使っているブラウザです。なお、このMicrosoft Edgeと前述のGoogle Chromeは、Chromiumというオープンソースのブラウザをベースに開発されていて、いわば兄弟のようなものですので、機能としてはとても似通っています。

3.Firefox

Firefox は、Mozilla Foundation という非営利組織による利益目的ではないユーザのためのブラウザです。機能拡張やカスタマイズが豊富で、こちらも世界中で 1 割程度の人々が使っているブラウザです。

4.Safari

Safari は、Apple が提供するブラウザです。現在は、Mac 版のみですが、iPhone の標準ブラウザになっているので日本では iPhone での利用が多いでしょう。

ブラウザはいくつかありそれぞれ特徴も違い、好みもあるので、好きなものを選べばよいのですが、Web サービスの利用者はパソコンとスマートフォンを合わせると「Google Chrome」でのアクセスが最も多いことを心に留めておきましょう。

❸ URL

1.アドレスバー

公開した Web サイトをブラウザで閲覧した際、ブラウザの上の部分に「https://www.example.co.jp」といった文字列が表示されます（ブラウザ設定によっては最初の「https://www.」が省略されていることもあります）。この部分を「アドレスバー」と言い、URL バーとか、ロケーションバーなどとも言われます。Web サイトの住所を示しているわけです。新しい住所を入力すれば、その Web サイトを訪れることもできます。また、検索したいキーワードを入力すれば検索もできます。

Google Chrome では画面上部にアドレスバーが表示されている。

2.URLとは

「アドレスバー」の中の「https://www.example.co.jp」という文字列を「URL」と言います。「URL」は「Uniform Resource Locator」、インターネット上の住所を特定するものです。

URLは「https://」と「www.example.co.jp」という2つの部分に分かれています。

「https://」は、URLの最初に必ず付いているもので、インターネット上のサーバーとブラウザとのデータのやり取りの約束事（Hypertext Transfer Protocol Secure）になります。以前は、「http://」が多かったのですが、最近は「https://」と「s」が付いているURLが主流になっています。この「s」は「Secure」、つまり「通信をセキュア＝暗号化してやり取りしましょう」ということです。

インターネット上では、誰でも情報を閲覧することができます。重要な個人情報もです。それらを暗号化して送信することで、安全に送信することができるので、現在のWebサイトでは、この「https://」が主流です。皆さんも公開する際は、この「https://」を使ってください。

3.ドメインの種類

「www.example.co.jp」という部分は実際の住所です。この部分は「ドメイン」と言います。右から見ていきましょう。

「jp」はトップレベルドメインと言います。これは、日本のドメインです。これには2種類あります。まずは、「国別トップレベルドメイン」です。国や地域別に指定するものです。「jp」は日本、「us」は米国、「au」はオーストラリア、「fr」はフランス、「de」はドイツといった具合です。

もう1つは、「汎用トップレベルドメイン」です。国や地域の制限なしに、どこからでも利用できるものです。いちばん有名なのは「com」でしょう。商用向けです。ほかにも「net」「org」ほか、「tokyo」「yokohama」など、新しいドメインが増えています。

また、「co」は、「第2レベルドメイン」と言います。組織の種別を示します。たとえば「co」は企業。「or」は非営利団体。「ac」は大学といった具合です。

次に「example」は、「第3レベルドメイン」と言います。空きがあれば自由に選んで登録することができます。

最後に、「www」は、「第4レベルドメイン」と言います。サーバーの種別を示します。たとえば、「www」だと Web サーバー、「mail」だとメールサーバー、「ftp」だと FTP サーバといった具合です。

　ただ、たとえば「https://example.jp」などのように「組織の種別」や「www」などのないドメインも存在しています。この場合は、トップレベルドメインは「jp」、第2レベルドメインは「example」になります。

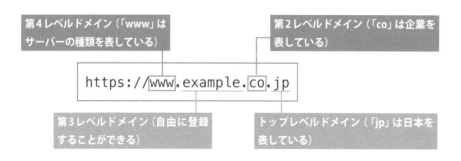

4.サーバー

　では、その URL の場所は具体的にどこでしょうか。それは、「サーバー」になります。サーバーは、Web サイトの HTML・CSS のファイルを格納し、閲覧者に公開するためのものです（右図参照）。

　サーバーは、英語で「server」と書きます。提供側という意味で、利用者のリクエストによって、それに応じたデータを返してくれます。URL をブラウザのアドレスバーに打ち込んでリターン（＝リクエスト）すると、サーバーはその URL の Web ページのソースを返してくれ、それがブラウザに表示されます。

　なお、提供側が「サーバー」ですが、提供される側は「クライアント」と言います。皆さんの目の前の PC やスマートフォンだと思えばよいでしょう。

❹ デバイスの種類

1.パソコン

Mac や Windows です。インストールした「ブラウザ」を起動し、Web ページを閲覧することができます。

2.スマートフォン

　スマートフォンはパソコンに比べいつでもどこでも気軽にインターネットにアクセスすることが可能です。スマートフォンアプリもよく使用するでしょう。そのため、現在ではインターネットにアクセスする人は、パソコンよりもスマートフォンのほうが多いと言われています。皆さんが Web サイトを作成するときも、スマートフォンに最適化されたものを作成する必要があります。

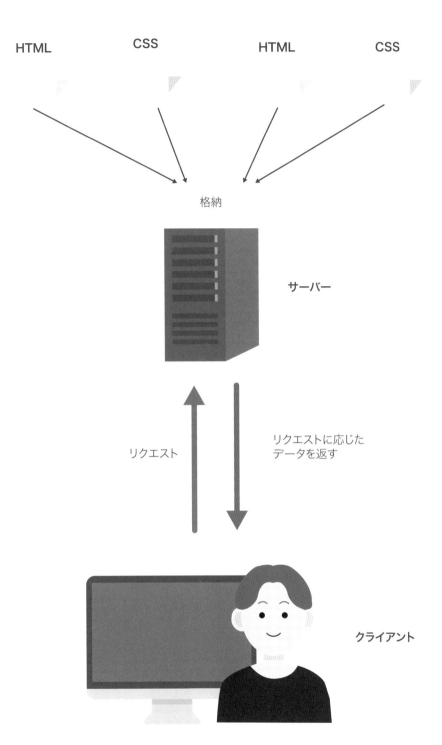

HTML　　　　CSS　　　　　HTML　　　　CSS

格納

サーバー

リクエスト　　リクエストに応じた
　　　　　　　データを返す

クライアント

Chapter
1

02

制作の流れ

では、次に実際の制作の流れを見ていきましょう。ここでは、「サイトマップ」と「ワイヤーフレーム」を作成します。

❶ サイトマップ・ワイヤーフレームを作るためのツールを準備する

サイトマップ・ワイヤーフレームを作るには、適当な紙に鉛筆で書いてもよいでしょうが、ほかの人達とネット上でシェアしにくく、変更が大変です。なので、ツールをいくつかご紹介します。

1.表計算ソフト

たとえば、「Microsoft Excel」ですが、「Google スプレッドシート」などでも構わないでしょう。

Microsoft Excel

2.プレゼンテーションソフト

たとえば、「Microsoft PowerPoint」や「Google スライド」で構わないでしょう。ほかの関係者にプレゼンするのでしたら有用なツールです。

Microsoft PowerPoint

3.Cacoo

株式会社ヌーラボが開発している、オンラインでサイトマップを作ることのできるツールです。情報を関係者と共有しながら進めることもできますし、Web 関係のパーツも豊富です。

Cacoo
https://cacoo.com/ja/

❷ サイトマップ

ツールの準備ができたところで、まずは「サイトマップ」を作りましょう。

1.サイトマップとは

サイトマップとは、ここでは「サイト全体の地図」ということにします。サイトの構成図ですね。なお、以下のものも「サイトマップ」と言いますので、話の流れで柔軟に判断しましょう。

・検索エンジンにサイトのURLを知らせるxmlファイル
・サイト内のWebページのリンクを集めたWebページ

2.サイトマップの中身

皆さんがWebサイトを訪れるときを想像してみてください。Webサイトの顔となるページがあることに気が付くでしょう。それは「トップページ」または「ホームページ」と言います。

では、そのほかにどんなWebページがあるでしょうか？　ビジネスのサイトでしたら、

・商品ページ
・商品Aのページ
・商品Bのページ
・商品Cのページ
・会社概要のページ
・お問合わせページ
・よくある質問

といったところでしょうか。それらがリンクで相互につながっています。
では、まずは、関連するWebページを洗い出しましょう。

○○株式会社サイトマップ

トップページ　　　　　商品ページ　　　　　商品Aのページ　　　　会社概要のページ

商品Bのページ　　　　商品Cのページ　　　　よくある質問　　　　お問合わせページ

次に以下のように階層の状態にして線でつないでみましょう。そのほうが便利で、Web サイト全体の構造や、グループ分け、Web ページ相互の関連性もわかりやすくなります。社内メンバーや依頼主との認識を 1 つにすることができますから、必ず作成することをおすすめします。

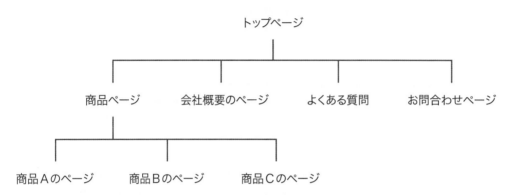

階層を「ディレクトリ」として表現するとそれぞれの URL は、

・トップページ https://www.example.com/
・商品ページ https://www.example.com/goods/
・商品 A のページ https://www.example.com/goods/goodsA/
・商品 B のページ https://www.example.com/goods/goodsB/
・商品 C のページ https://www.example.com/goods/goodsC/
・会社概要のページ https://www.example.com/about/
・お問合わせページ https://www.example.com/contact/
・よくある質問 https://www.example.com/faq/

と表現できます。

皆さんはパソコンでファイルをまとめるとき、フォルダを作るでしょう。ディレクトリとはフォルダに相当し、区切りを「/(スラッシュ)」で表します。

「/」のあとにファイル名がないのに気が付いた方もいるでしょう。実は、「/」の後には「index.html」というファイル名が省略されています。index は辞書では「索引」とあります。「index.html」は特別なファイル名で、そのディレクトリのトップのページに相当します。なお、末尾の 「/」を省略することは可能ですが、1 つのサイト内では、省略の有無を統一したほうがよいようです。

もちろん、「index.html」以外のファイル名を使うときは、「/」の後にファイル名を追加してください。たとえば、特定の商品名「BestGoods」のページに相当する URL は、

https://www.example.com/goods/BestGoods.html

になります。

3.サイトマップの作成の流れ

まず、商品情報の PR なのか、コンタクトなのか、購入を目指しているのかなど、目的を定めて、関係者と認識を 1 つにします。

その上で、必要な Web ページを漏れのないようすべて洗い出します。この際、同業他社の Web サイトも参考にするとよいでしょう。

それらの Web ページをグループ化します。前述の商品ページ、商品 A のページ、商品 B のページ、商品 C のページなどです。それらは 1 つのディレクトリにまとめます。

それらのディレクトリを Web サイトの中で階層化します。なお、利用者は、クリックして階層を進んでいくので、あまり階層を深くしすぎると、利用者は途中で離脱したり、迷子になる可能性もありますから、あまり深くしすぎないようにします。

❸ ワイヤーフレーム

Web サイトの構成図はできました。次に「ワイヤーフレーム」を作りましょう。

1.ワイヤーフレームとは

ワイヤーというのは「針金・電線」フレームは「枠・骨格」になります。「ワイヤーフレーム」は「Web ページを線や枠で単純に表したもの」。つまり「Web ページの設計図」になります。

コンテンツをどのように配置するかを決めますので、作成したワイヤーフレームは、Web ページの土台として使われます。そのため、とても重要ですし、作成途中で変更の起こらないよう、あらかじめ関係者の理解・承認を得ておく必要があります。

なお、サイトマップと同様、利用者が「利用しやすいこと」を第一に考えるのは言うまでもありません。

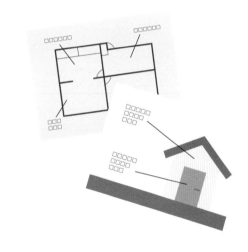

ワイヤーフレームはWebページの設計図。

2.ワイヤーフレームの中身

まず、ワイヤーフレームはデザインではありません。デザインのことは後回しにして、あくまでも構成図であることを念頭に置きましょう。

それでは皆さんが今まで見た Web のトップページを想像してみましょう。

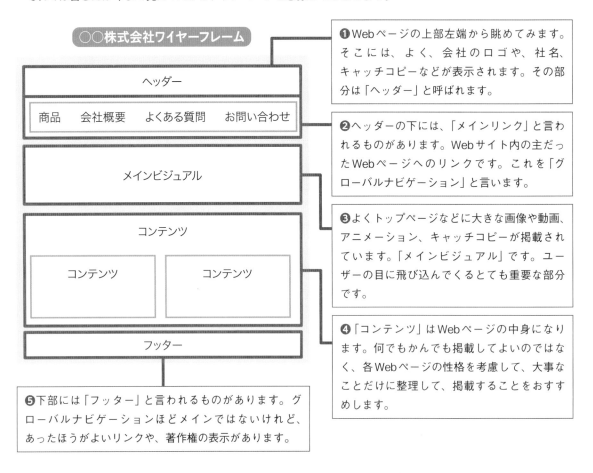

❶Webページの上部左端から眺めてみます。そこには、よく、会社のロゴや、社名、キャッチコピーなどが表示されます。その部分は「ヘッダー」と呼ばれます。

❷ヘッダーの下には、「メインリンク」と言われるものがあります。Webサイト内の主だったWebページへのリンクです。これを「グローバルナビゲーション」と言います。

❸よくトップページなどに大きな画像や動画、アニメーション、キャッチコピーが掲載されています。「メインビジュアル」です。ユーザーの目に飛び込んでくるとても重要な部分です。

❹「コンテンツ」はWebページの中身になります。何でもかんでも掲載してよいのではなく、各Webページの性格を考慮して、大事なことだけに整理して、掲載することをおすすめします。

❺下部には「フッター」と言われるものがあります。グローバルナビゲーションほどメインではないけれど、あったほうがよいリンクや、著作権の表示があります。

そのほかに「サイドバー」などもあります。サイドバーは、Web ページの左側にあって、そこには、目次、関連リンク、カレンダーなどが表示されます。

もう一度、繰り返しますが、ワイヤーフレームはデザインではなく「構成図」です。各 Web ページはなるべく似通ったワイヤーフレームにし、トップページはメインビジュアルを大きめにして、ほかのページは小さめにしたほうがよいでしょう。

また、スマートフォンのワイヤーフレームも同じにしておくとメンテナンスが楽になります。

3.ワイヤーフレームの作成の流れ

まず、ひとつひとつの Web ページの目的を定めて、関係者と認識を 1 つにします。

各 Web ページ共通の、「ヘッダー」「グローバルナビゲーション」「フッター」部分などを作成します。

その上で、「メインコンテンツ」部分に、掲載する表示コンテンツを洗い出しましょう。この際、同業他社の Web サイトも参考にするとよいでしょう。

それらの表示コンテンツをそれぞれ「商品」「よくある質問」などにグループ化します。できたグループは、作成する「グロバールナビゲーション」にそれぞれ振り分けます。

そして、それらの表示コンテンツの流れを見て、整理・配置します。

なお、「利用者の目線」で制作することを肝に銘じておきましょう。繰り返しになりますが、デザイン・コーディングが始まってからの変更・追加は大変なので、必ず関係者で情報を共有し、了解を得て次の作業にかかりましょう。

❹ コーディングとデザイン

1.コーディングについて

Web ページは HTML と CSS でできています。HTML はその Web ページの構造、たとえれば骨を、そして CSS はスタイル、デザイン、たとえれば洋服の色やサイズを指定します。その作り方（コーディング）については、Chapter2、3 で学びましょう。

2.デザインについて

皆さんが、HTML、CSS を学んだ後、Web ページのデザインに進みます。Chapter2、3 で学んだ CSS で HTML にスタイルを指定することで、Web ページのデザインを作ります。いわゆる「見た目」ですね。

素敵なデザインだと、ユーザの興味・関心を引き、Web ページへのアクセスを増やし、認知度を高め、ショップサイトなら購入を促すことも可能かもしれません。これについては、Chapter4 〜 6 で一緒に学びましょう。

❺ 公開

Web ページを作成したら、いよいよ公開することができます。皆さんのパソコン内で、Web ページのファイルを制作したとしても、それをほかの人が閲覧することはできません。そこで、Web ページを公開することで、ほかの人がその Web ページを覗くことができるようになります。その公開には、「サーバー」を用います。

1.「サーバー」とは

サーバーというのは、インターネットに接続されたコンピュータです。ただ、私たちのパソコンとは違って、モニターやキーボードが直結していない重箱のような形をしたものがラックに入り、ケーブルに接続されています。

2.サーバーの種類

サーバーにはいくつかの種類があります。一般的なものを紹介します。

専用サーバー
実物のサーバー1台をレンタルして、そのサーバーを使います。ほかのユーザーの影響を受けることもなく、自由にカスタマイズできますが、管理やサーバー構築も自身で行うので、難易度は高いです。

共有サーバー
専用サーバーと違い、複数人で1台のサーバーを使います。そのため、ほかのユーザーのWebサイトにアクセスが集中すると、ほかのWebサイトはアクセスがしにくくなることがありますし、カスタマイズに制限がありますが、管理などの手間が少なく、費用も安くなります。

専用サーバー・共有サーバーは、実際に1つのPCを使用するので、一般に「物理サーバー」と言われます。一方、1つのサーバーを、複数のOSで起動させることで、あたかも複数のPCに見立てて使用することができるようになります。これは「仮想サーバー」と言われ、最近増えてきています。また、複数のサーバーの容量が足らなければ、ほかのサーバーの容量を追加することも可能です。これらを「クラウド」などと言います。

3. 主なレンタルサーバー

昔からある老舗で安価なレンタルサーバーを2つご紹介します（使用にあたっては自己判断・自己責任でお願いします）。「レンタルサーバー」で検索すればさらにいろいろなサービスがありますので、そちらもご覧ください。

・ロリポップ（GMOペパボ）　https://lolipop.jp/
・さくらのレンタルサーバ（さくらインターネット）　https://rs.sakura.ad.jp/

4.ファイル転送

最後にWebサーバーに制作したWebページのファイルをアップロードしなければなりません。方法としては、

・契約しているサーバーのファイルアップロードツールがあればそれを使う。
・ファイル転送ツールを使う。

になります。ファイル転送ツールは、以下のものがあります。

・FFFTP
・CyberDuck
・WinSCP

ページの骨組み、
HTML

Chapter2では「HTML」について学びます。HTMLはWebページの骨組みです。何のためのWebページなのかを決定付けるとても大切なものなので、ここで実践を交えながら勉強していきましょう。

01 制作環境を整える

それでは、一緒にHTMLのコードを書いていきましょう。コードを書くためには、Webページを作るためのツールと制作したWebページを確認するツールを準備します。

❶ テキストエディタ

テキストエディタは、HTMLやCSSのコードを書いて、制作するためのツールです。テキストエディタは、文字の入力のみに特化した機能を持ち、行番号が表示されるようになっています。

現在、もっともポピュラーなのは、「Visual Studio Code（Microsoft）」ですので以降それを紹介します。そのほかにも、「DreamWeaver（Adobe）」「Sublime Text」といったテキストエディタもありますので、色々試して好みのものを選んでください。

なお、エディタというと、WindowsではMicrosoft Word、MacではPages、テキストエディットなどがありますが、これらはリッチテキストエディタと呼ばれ、テキストの入力以外に、文字の装飾やレイアウトの設定など、少々余計な機能が付いているので、Webページの作成には向きません。Windowsのメモ帳も行番号が表示されないので避けたほうがよいでしょう。

1. ダウンロード

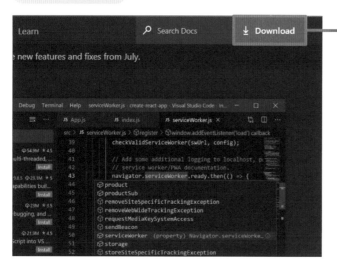

Visual Studio Codeをオフィシャルページ（https://code.visualstudio.com/）から「Download」をクリックしてダウンロードします。

🔹 MEMO

Windowsの場合：ダウンロードしたインストールファイルを起動して、皆さんのパソコンにインストールしてください。

Macの場合：圧縮ファイルを解凍・展開したファイルをMacのアプリケーションフォルダに移動してください。

❷ Visual Studio Code を起動する

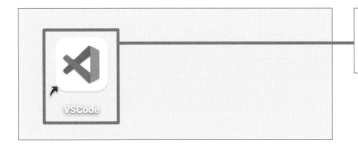

❶「Visual Studio Code」のアイコンやアプリ一覧からクリックして、起動してください。

❷次にメニューを日本語化します。🔡（機能拡張）をクリックし、「Japanese」で検索すると「Japanese Language Pack for Visual Studio Code」がヒットするので、それをインストールします。その後、Visual Studio Code を再起動すれば、日本語化が完了します。なお、まれに英語のままで起動することがありますので、その場合は、再起動してください。

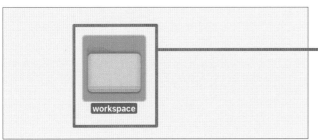

❸作成したファイルを格納するための作業場のフォルダを1つ作成します。フォルダ名は何でも構いません。本誌では「work space」としました。

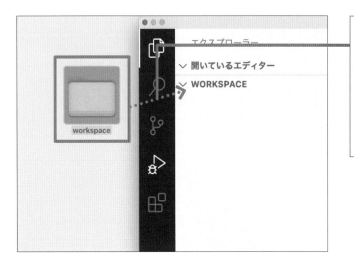

❹作業フォルダを、Visual Studio Codeのエディタ画面にドラッグ＆ドロップしてください。そうすると、workspaceの中がエクスプローラ画面に表示されます。もし開かない場合は、メニューの「ファイル」から「フォルダを開く」をクリックしましょう。

❸ フォルダ・ファイルの新規作成　　HTML 2-01-1.html

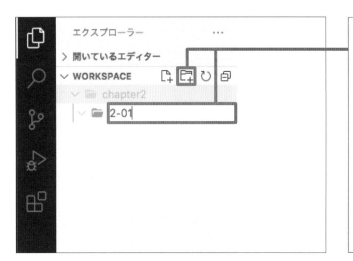

❶今から作業フォルダの中にファイルを数多く作成しますので、それらを整理するための新たなフォルダを作りましょう。エクスプローラ画面の、左から2つめの🗁（新しいフォルダ）をクリックすれば、名称未設定のフォルダができるので、名前を入力して、フォルダを新規作成しましょう（メニューの「ファイル」から「新しいフォルダ」でも作成できます）。ここでは、Chapter2の練習用のため「chapter2」とし、その下に同様に、セクション名「01」のフォルダを作成します。

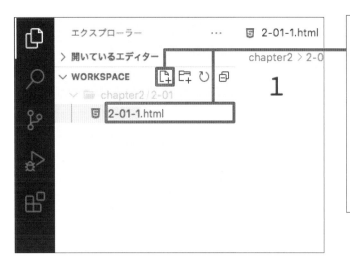

❷エクスプローラ画面の「01」をクリックして、左から1つめの🗋（新しいファイル）をクリックすれば、名称未設定のファイルができるので、名前を入力して、ファイルを新規作成しましょう（メニューの「ファイル」から「新しいファイル」でも作成できます）。ファイル名は、本来なら、コンテンツに関係ある単語を用いるのが好ましいですが、ここでは、練習ですので「2-01-1.html」などとします。

❹ ファイルの編集・保存

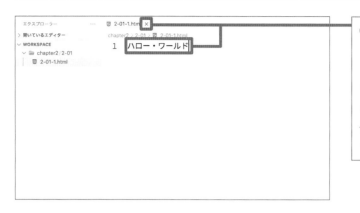

❶ エディタ画面に何か書いてみましょう。

ハロー・ワールド

ファイルを編集すると、エディタ画面上部のファイル名の右に●が付きます。これは保存されていないということを示しています。

❷ メニューの「ファイル」から「保存」をクリックします。保存されると、ファイル名横の●が×になります。

📝 MEMO

Windowsの場合は Ctrl + S 、Macの場合は Command + S のショートカットキーでも保存できます。

❸ メニューの「ファイル」から「自動保存」にチェックを入れておけば、逐次自動的に保存されるので、保存ボタンを押す手間を省き、保存忘れを防ぐことができます。

📝 MEMO

ファイルの複製をする場合は、ショートカットキーを使うのが便利でしょう。

1. ctrl + c （Windows）、command + c （Mac）でコピー
2. ctrl + v （Windows）、command + v （Mac）で貼り付け

❺ ブラウザ

　ブラウザは、通常、Web サイトにアクセスして Web ページを閲覧するために使用しますが、ここでは、テキストエディタで制作したものを確認するために使用します。

　前述しましたが、ブラウザの種類は、Google Chrome（Google）、Microsoft Edge（Microsoft）、Firefox（Mozilla）、Safari（Apple）など数多くあります。この中で、Google Chrome は、世界中で6割以上の人が使っていると言われています。そのため、本誌での練習には、「Google Chrome」を使うこととします。

　なお、実際に公開するときは、上記のブラウザ、パソコン版、スマートフォン版すべてでの動作を確認することをおすすめします。

　先程保存した、ファイル「2-01-1.html」をブラウザの画面上にドラッグ＆ドロップしてみてください。以下のように表示されていたら OK です。

　今回紹介した、Visual Studio Code とブラウザは、バージョンにより画面・仕様が変更される場合があります。

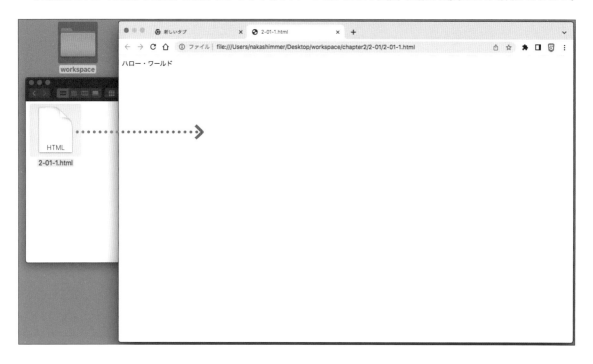

HTMLの基礎

HTML は「Hypertext Markup Language」の略です。「Hypertext」は、ほかのページと関連付けて自由にリンクで行き来できる仕組みです。「Markup」は、文章を構造化し、プログラムが認識できるように目印を付けます。

❶ HTMLの基本

1. 構造化

たとえば、次のようなコンテンツがあったとします。

 HTML 2-02-1.html

製品紹介
私達の商品について紹介します。

このコンテンツは、私達が見れば、「製品紹介」が見出しで「私達の商品について紹介します」は文章だな、とわかりますね。

しかし、これを検索エンジンや、ブラウザが受け取ったらどうでしょうか。見出しなのか文章なのか認識することができません。そのため、ただの文字の羅列になり、ブラウザに表示すると、次のようになります。

完成サンプル：2-02-1.html

> **製品紹介 私達の商品について紹介します。**

私達はそのようなプログラムに対して、「これは見出しだよ」「これは文章だよ」、さらに「これは画像だよ」「ここはヘッダーだよ」「ここは強調しているよ」「ここは大事な部分なんだよ」ということを、都度教えてあげる必要があります。それぞれの部品が何なのかを明示することを「構造化」といいます。この構造化も、HTML の重要な機能です。

❷ タグと要素

では、その構造化のための目印の付け方について見ていきましょう。先程のコンテンツを再度示します。

HTML 2-02-1.html

製品紹介
私達の商品について紹介します。

これに目印を付けます。「<>」「</>」の記号を用います。この記号を「タグ」といいます。荷札とか付箋という意味です。

最初のタグは「開始タグ」、最後のタグには「終了タグ」です。終了タグには「/（スラッシュ）」をつけて「ここまでだよ」ということを示します。
　まとめると、HTML の文法は

ということになります。
　そしてこの開始タグから終了タグまでは、Web ページを構成する最小単位の部品になりますので、これを「要素」と呼びます。この要素という言葉は、この HTML ほか、CSS や JavaScript などでもとても大事なキーワードですので、覚えておいてください。
　なお、「空要素」と言って、開始タグだけの要素もあります。

❸ h1 要素、p 要素

では、見出しと段落の要素を指定してみましょう。

練習の準備として、テキストエディタでファイルを作成し、そのファイルをブラウザで開いてください。ファイル名は「2-02-3-a.html」としましょう。

それでは、次のソースコードを入力して、保存し、ブラウザで表示させてみてください。

`HTML` 2-02-3-a.html

```
<見出し>製品紹介</見出し>

<段落>私達の商品について紹介します。</段落>
```

これを試すと、次のようになります。

完成サンプル：2-02-3-a.html

<見出し>製品紹介 <段落>私達の商品について紹介します。

おかしいですね、実は日本語で記述したからなのです。

見出しは英語で「heading」といいます。見出しには大見出し、中見出し、小見出しなどレベルがあります。ここでは大見出しにしてみましょう。

heading は長いので「h」、大見出しのレベルは「1」とすると、大見出しのタグは「<h1> 〜 </h1>」です。

段落は英語で「paragraph」といいます。こちらも長いので「p」とすると、段落のタグは <p> 〜 </p> です。

では、それで書いてみると、

`HTML` 2-02-3-b.html

これを試すと、次のようになります。

完成サンプル：2-02-3-b.html

製品紹介

私達の商品について紹介します。

うまくいきました。ブラウザを確認すると、見出しが大きく、太字になり、段落は改行されて、見やすくなっています。ブラウザがきちんと構造を解釈できたんですね。

❹ 属性

次に「属性」というものについて例を見ていきましょう。

先程の Hypertext にあったリンクは「anchor」という名前ですのでリンクのタグは「<a> ～ </a>」となります。初期状態でのリンクは、下線が付き文字色が代わります。

HTML 2-02-4-a.html

```
<a>リンクの飛び先</a>
```

これを試すと、次のようになります。

完成サンプル：2-02-4-a.html

リンクの飛び先

おかしいですね、クリックしても飛んでいきませんし、文字色も変わらず、アンダーラインも表示されていません。実は、どこへリンクを飛ばせばいいかのわからないのですね。

要素に、新たに情報を付加するには、「属性」というものがあり、それを開始タグの中に追加します。どこへ飛ぶかは「href」属性を指定します。「h」は hypertext、「ref」は reference（参照）と思うとよいでしょう。属性の次に「＝（イコール）」、そして「"（ダブルクオーテーション）」の中に、属性の値（属性値）を指定します。

イコールの前後は空白を入れないようにしましょう。

◢ HTML 2-02-4-b.html

```
<a href="https://www.example.co.jp">exampleページへ</a>
```
属性　　　　　属性の値

これを試すと、次のようになります（https://www.example.co.jp は存在しないので、クリックするとエラーになります）。

完成サンプル：2-02-4-b.html

exampleページへ

皆さんは、Web ページに、画像が表示されているのを見たことがあるでしょう、画像のタグは <img> です。

あれ？　コンテンツと終了タグがないですね。画像を表示するときは、コンテンツは不要、なので終了タグも不要です。これが先程の「空要素」なのです。

```
<img>
```
画像のタグ

あれ？　何も表示されないですね。皆さんでしたら、もう気が付いているかも知れません。「どの画像を表示するのか」の情報が指定されていないのです。

画像の指定は「src」属性を用います。src は「source」、出典元、情報源といったところでしょう。

```
<img src="goodsA.png">
```
src属性

次のように、同じ階層の goodsA.png 画像を表示します。

完成サンプル：2-02-4c.html

なお、img 要素は、回線が細い（回線の容量が小さい）と表示されないこともあります。その際に、「ここにはこういう画像があるんだよ」ということを表示して示す、alt（オルト）属性というものがあります。alt は「alternative」、代替のテキストです。

```
<img src="goodsA.png" alt="商品Aの画像">
```
alt属性

たとえば、goodsA.png がなければ以下のような表示になります。

完成サンプル：2-02-4-d.html

ただ、もう１つ重要な機能として、Google の画像検索は alt 属性の値を見ているので、必ず具体的な概要文をalt 属性に指定しておきましょう。

❺ コメント記号

　HTML を書いていると、何かしらメモを残したいことがあります。メモのことをコメントと言います。各言語ごとにコメントの記号が異なります。

　HTML では <!-- --> というコメント記号を用います。たとえば、

HTML

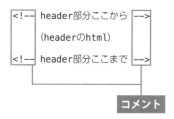

```
<!--  header部分ここから  -->
       (headerのhtml)
<!--  header部分ここまで  -->
```

コメント

　といったコメントを残すことができます。また、とりあえず特定の要素を無効にしたいときは、

HTML

```
<!--
    <p>無効にしたい要素</p>
-->
```

とすると、この要素は無効になります。特定のコードを無効にする方法を「コメントアウト」と言います。

❻ 特殊文字

　たとえば、HTML の h1 の開始タグの説明を Web ページ上に表示してみましょう。
　以下のコードを、HTML に書き込んでみましょう。

HTML　2-02-6-a.html

```
<p>
    「<h1>」は、大見出しの段落の開始タグです。
</p>
```

ブラウザには次のように表示されます。

完成サンプル：2-02-6-a.html

> 「
>
> # 」は、大見出しの段落の開始タグです。

　困りましたね。説明するはずの「<h1>」が消えてしまいましたし、続く説明文のレイアウトが想定外になっています。ただ、タグの記号はそもそも HTML の重要な目印ですので致し方ないのですが、それでも、「<>」の記号を使うケースはあるでしょう。
　そのために特殊文字というのがあります。次のコードを、HTML に書き込んでみましょう。

HTML　2-02-6-b.html

```
<p>
「&lt;h1&gt;」は、大見出しの段落の開始タグです。
</p>
```

特殊記号

< は、タグの記号を表すもので、「lt」は less-than、これより下を意味します。
> は、タグの記号を表すもので、「gt」は greater-than、これより上を意味します。

　ブラウザには次のように表示されます。

完成サンプル：2-02-6-b.html

> 「<h1>」は、大見出しの段落の開始タグです。

　このように、特殊文字を使うことで、HTML の文字列を表示することができます。特殊文字にはほかにもいくつかありますが、まずはこの 2 つを覚えておきましょう。

❼ ディレクトリのパス

ディレクトリについては、サイトマップの説明で以下のように説明しました。

皆さんは、PC でファイルをまとめるとき、フォルダを作るでしょう。あのフォルダに相当し、区切りを「/（スラッシュ）」で表します。

そして img 要素について以下の説明をしました。

 HTML 2-02-4-d.html

```
<img src="goodsA.png" alt="商品Aの画像">
```

たとえば、html ファイルと画像ファイルが同じディレクトリにあれば、src 属性の値は、ファイル名の「goodsA.png」でかまいません。ただ、上の階層、下の階層にあるファイルを示すには別の指定方法があります。
　階層は、ピラミッドのような三角形のものだと思いましょう。

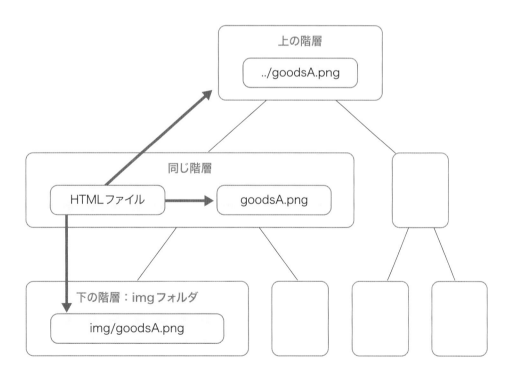

その上で、上の階層は、「../」を付けます。たとえば、1つ上の階層の goodsA.png を表示したければ、

```
<img src="../goodsA.png" alt="商品Aの画像">
```
　　　└ 相対パス

下の階層は、「/」とディレクトリ名を付けます。たとえば下の階層の img ディレクトリにある goodsA.png
を表示したければ、

```
<img src="img/goodsA.png" alt="商品Aの画像">
```
　　　└ 相対パス

この指定は元のファイルから相対的に指定しているパスで、「相対パス」と言います。
また、「絶対パス」というものもあります。絶対パスは、URL の最初から指定するものです。たとえば、

```
<img src="https://example.co.jp/goodsA.png" alt="商品Aの
画像">
```
　　　└ 絶対パス

src 属性のほか、href 属性でも、相対パス、絶対パスは使われますので、それぞれの方法を覚えておきましょう。
1つの Web サイト内では相対パスを使ったほうがよいでしょう。

HTMLでWebページの枠組みを制作してみよう

では、実際のWebページの作成の練習を始めましょう。テキストエディタでファイルを作成し、そのファイルをブラウザで開いてください。ファイル名は「2-03.html」としましょう。

❶ htmlファイルの作成

テキストエディタで以下のコードを順番に書いていきましょう。なお、完成サンプルは「2-03.html」です。

1. DOCTYPE宣言

まず最初に行うのが、「DOCTYPE宣言」です。HTMLには、複数のモードがあります。私達は「標準モード」のHTMLを使っているということを宣言しなければなりません。これを、DOCTYPE宣言（文書型宣言）と呼びます。

以下のコードをエディタの1行目に書き込んでおきましょう。

HTML 2-03.html

```
<!DOCTYPE html>                              DOCTYPE
```

これを書かないと、昔の異なったバージョンも含んだモードで解釈され、制作者の意図しないレイアウトになる可能性があるので、必ず書くようにしましょう。

2. HTMLのエリア

私達は、HTMLのコードを描くのでしたね、では、HTMLのエリアを明示しましょう。
「html」要素は、この中がHTMLのコードを書くエリアだということを示しています。

HTML

lang属性は、使用する言語を指定しています。ここでは日本語ということで、属性値は「ja」にしました。

3. head要素

「head」要素は、その Web ページの情報を書くエリアだということを示しています。情報の詳細については後述します。html 要素の中に head 要素を書き込みます。

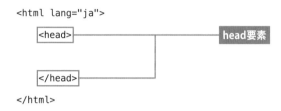

```
<html lang="ja">
    <head>                              head要素

    </head>
</html>
```

4. body要素

「body」要素は、その Web ページに表示されるコンテンツを書くエリアだということを示しています。head 要素の下に続けて書きます。

```
<html lang="ja">
    <head>


    </head>
    <body>                              body要素

    </body>
</html>
```

これで、Web ページの大枠はできあがりました。

❷ ページの情報を記述する

先程、Web ページの情報を書き込む head 要素について紹介しました。その head 要素の中には、次のような ものを記述していきます。

ここでは基本的なもののみ紹介します。

1. 文字コードの設定

　ファイルを保存する際、文字コードの指定を行います。パソコンの中は０か１の数字の世界です。文字コードというのは、0、1の数字で文字を表示するための変換表だと思ってください。

　たとえば、

　「11100011 10000001 10000010」は「あ」

　「11100011 10000001 10000100」は「い」

となります。ただ、日本語の場合、この変換表が、いくつか存在しています。「JIS」「S-JIS」「EUC」「UTF-8」などです。変換表が違うと、対応する文字も異なります。

　皆さんも経験したことがあるかと思いますが、「文字化け」になる可能性があります。

　現在は、「UTF-8」という文字コードが広く使われていて、推奨されています。Visual Studio Code でも、初期設定で「UTF-8」になっています。この「UTF-8」は、世界中の文字を表示することができ、さらに「emoji」を使うこともできる、とても素晴らしい文字コードです。

　なお、正確には「エンコード（符号化）」というのが正しいようですが、一般には「文字コード」と言われていますし、そのほうがわかりやすいので、本書では「文字コード」とします。

　では、その書き方ですが、以下のように書きます。

HTML

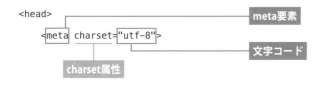

　「meta」要素は、情報の１つの項目とします。

　「charset」属性は、文字コードを指定し、その値は「utf-8」であることを示しています。

　なお、「utf-8」は大文字で書いても構いません。

2. タイトルの設定

　続いて、その Web ページのタイトルを記述しましょう。このタイトルは、ブラウザの上部「タブ」内に表示されるほか、検索結果のタイトルにも使用されます。

「title」要素に記述します。

```
<head>
    <meta charset="utf-8">
    <title>このページのタイトル</title>
```

　なお、検索結果については、検索エンジン側でよりよいワードに変更されることがありますので、ご注意ください。

3. 概要・説明文の設定

　検索結果で、タイトルの下に説明文がありますが、これは概要と言います。
　Webページの概要、説明文を記述します。meta要素内にname属性の値を「description」とし、content属性の値に概要・説明文を記述します。

```
<head>
    <meta charset="utf-8">
    <title>このページのタイトル</title>
    <meta name="description" content="このページの概要・説明文">
```

4. そのほか

　そのほかにも、以下のような要素が含まれますのでご紹介します。

style要素、link要素

　CSSを読み込むための要素です。詳細はChapter3で解説します。
　なお、この回では、head要素内に次のCSSを書き込んで練習しましょう。このCSSは、すべての要素（=「*」）に、枠線（=border）を付けて要素を見える化するものです。後ほど、削除します。

```
<style>
    *{
        border:1px solid gray;
    }
</style>
```

style要素

OGP関連の要素

OGP（Open Graph Protocol）は、SNS などでシェアした際の、画像やタイトル、説明文を指定するものです。これは Chapter6 でご紹介します。

script要素

JavaScript を読み込むための要素です。

❸ 表示コンテンツを入れる箱を作る

body 要素に、表示コンテンツを書きます。

ここで皆さん、「お弁当箱」を連想してみましょう。お弁当箱の中に、おにぎりや、おかずを詰めるとき、仕切りや、銀色のカップで詰めますか？　それともちらし寿司のようにバラバラといれますか？　どちらも美味しいのですが、仕切りやカップで整理したほうが、どこに何があるかわかりやすいでしょう。Web ページも同じです、どこに何があるかをわかりやすくグループ化したほうがわかりやすくなります。

そして、仕切りやカップに相当するのが、「div」要素です。div 要素は、「divided（分けられた）」という意味を持ちますが、ここでは四角い箱だと思ってください。

まずは、この div 要素を使って表示コンテンツを包んでしまいます。

id 属性は、この div 要素に設定するID（固有の識別名）を指定します。CSS や JavaScript で、この ID を使って、要素を特定することができます。値は何でもいいのですが、ほかの要素のid 属性と重複しないようにしてください。ここでは、包むという意味を込めて「wrap」としました。ですから「wrapの箱」ということになります。

ダメな例

```
<body>
    <div id="wrap">
        <div id="header">
        </div>
        <div id="globalNavigation">
        </div>
        <div id="mainContents">
        </div>
        <div id="footer">
        </div>
    </div>
</body>
```

では、その中もヘッダー、グローバルナビゲーション、メインコンテンツ、フッターに分割していきます。

できました。div 要素は、仕切るための要素ですが、そればかり使っているとコードがごちゃごちゃしてしまいます。特定の意味を持たない要素なので、もし何かしら意味を持つのであれば、適切な要素を使い、どうしても適切な意味を持たないもしくはスタイル目的で用いるときは、最終手段として div 要素を使うのがよいでしょう。

ですので、これをもっとわかりやすく適切な要素に変更してみましょう。

1. ヘッダー部分

```
<div id="wrap">
    <header>
    </header>
```

ヘッダー部分は、div や id をなくしてスッキリさせるため、「header」要素が生まれました。

header 要素（ヘッダー）と head 要素（Web ページの情報）とを間違えないようにしてください。

```
<div id="wrap">
    <header>
        <h1>○○株式会社</h1>
    </header>
```

header 要素の中には、大見出しが入ります。

ほかにも、header 要素には、会社の画像や、キャッチコピーなども含みます。また、header 要素は、前置きという意味です。Web ページの上部という意味はありません。左に配置していてもヘッダー部分になります。

2. グローバルナビゲーション部分

<nav要素>

```
<nav>
    <ul>
        <li><a href="#">トップ</a></li>
        <li><a href="#">会社概要</a></li>
        <li><a href="#">事業内容</a></li>
    </ul>
</nav>
```

　グローバルナビゲーション部分も同様に、新しい要素「nav」要素が生まれました。

　a要素はリンクでしたね。ul要素、li要素は、箇条書きの要素ですが、後ほど説明します。

3. メインコンテンツ部分

<main要素>

```
<main>
    <section>
        <h2>1.商品A</h2>
        <p>商品Aの説明・・・</p>
    </section>
    <section>
        <h2>2.商品B</h2>
        <p>商品Bの説明・・・</p>
    </section>
    <section>
        <h2>3.商品C</h2>
        <p>商品Cの説明・・・</p>
    </section>
</main>
```

　メインコンテンツも同様に、そこがメインのコンテンツで重要だということを示すために、新しい要素「main」要素が生まれました。

```
<main>
    <section>                                              section要素
        <h2>1.商品A</h2>

        <p>商品Aの説明・・・</p>

    </section>
    <section>
        <h2>2.商品B</h2>

        <p>商品Bの説明・・・</p>

        <section>
            <h3>2-1.商品B-1</h3>

            <p>商品b-1の説明・・・</p>

        </section>
        <section>
            <h3>2-2.商品B-2</h3>

            <p>商品B-2の説明・・・</p>

        </section>
    </section>
</main>
```

メインコンテンツの中を整理・分割するために、「section」要素が生まれました。セクションは「章立て」、部・章・節・項に内容を分割する要素です。

section 要素の中には、見出しとコンテンツを入れています。ここの見出しは、header 内で h1 要素を用いているので、ランクをひとつ落として、「h2」要素にしました。section 要素は入れ子にすることもできます。一般のWeb ページではたいてい、1 つのページには 1 つの内容が書かれていて、ページの上から下まで 1 つのストーリになっています。このような場合は、section 要素を使いましょう。

```
<main>
    <h2>ニュース</h2>                                        article要素

    <p>最新ニュースをお知らせします。</p>

    <article>
        <h2>新商品発表</h2>

        <p>本日新商品を発表しました・・・</p>

    </article>
```

ただ、たとえばニュース記事やブログの記事のように各記事自体が独立していて、1 つのページに複数の記事があるページの場合は、それぞれの独立した記事にはsection 要素ではなく article 要素を使うのが好ましいでしょう。article は記事という意味です。

```
<article>─────────────────────────────────────┐
    <h2>役員移動のお知らせ</h2>                          │  article要素
    <p>本日、役員の移動が・・・</p>                          │
</article>─────────────────────────────────────┘
<article>─────────────────────────────────────┐
    <h2>支所新規開設</h2>                               │
    <p>本日、〜に支所を開設・・・</p>                         │
</article>─────────────────────────────────────┘
</main>
```

4. 図表の要素（figure）

figure 要素は図表のセクションを表します。図表とは、本文から参照されるイラスト・図・写真・ソースコードです。横幅縦幅の属性はありませんので注意してください。figcaption 要素は、figure 要素の説明文章です。

`HTML`

```
<figure>
    <img src="goodsA.png" alt="プレゼント">
    <figcaption>Present for You.</figcaption>
</figure>
```

figure要素　　　　**figcaption要素**

5. フッター部分

フッター部分も同様に、新しい要素「footer」要素が生まれました。　footer 要素の中には、フッターリンクや著作権が入ります。

`HTML`

```
    </main>
<footer>
    <p><small>Copyright (C) 2022 ○○株式会社.All rights reserved.</small></p>
</footer>
```

footer要素　　　　　　　　　　　　　　　　　　　**small属性**

ここでは、「small」要素は、著作権を表示するために使いました。small 要素は、免責事項、警告、法的制約、または著作権になります。これらは、小さな活字体として small 要素（「少し小さく」の意味が昔はあった）を用いて表示されていて、その名残があるものと思われます。

6. 完成

　では、ブラウザで見てみましょう。文字が表示されていますね。

完成ファイル；2-03.html

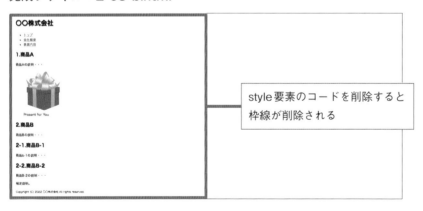

　では、次に、P.42 で挿入した style 要素のコードを削除してみましょう。枠線がなくなっても皆さんは、枠線が目に浮かぶようになっていれば OK です。

完成ファイル：2-03-b.html

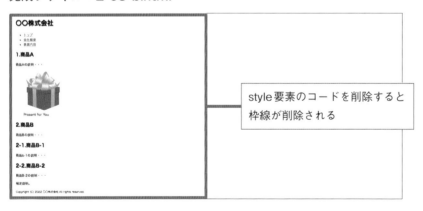

style 要素のコードを削除すると
枠線が削除される

　どうでしょうか、要素の形が見えるようになりました。ここまでのほとんどの要素は、上から順番に、また入れ子の状態で、一見すると「お弁当の重箱」を重ねたようですね。ブラウザを横に伸ばしてみてください。左右に伸びていることに気が付きませんか？　この間仕切りに関連する要素は、左右に伸びます。これを本書では「ブロック型の要素」と呼ぶことにします。

　一方、左右に伸びない要素もありますね。これを本書では「インライン型の要素」と呼ぶことにします。要素によって、横に伸びる、伸びないは、今後スタイルを設定するときに役立ちます。

HTMLでコンテンツを制作してみよう

2-04

では、そのインライン型の要素について学んでいきましょう。今までの要素を組み合わせながらやるので、前セクションの内容を思い出しながらHTMLを書いていきましょう。

❶ htmlファイルの作成

HTML

```
<!DOCTYPE html>

<html lang="ja">

    <head>

        <meta charset="utf-8">

        <title>HTMLの練習</title>

    </head>

    <body>

    </body>

</html>
```

練習用に左のファイル（テンプレート）を使用しましょう。ファイル名は「2-04-1.html」とし、以下に紹介する要素をbody要素内に書いて練習しましょう。なお、完成サンプルは「2-04-1-a.html」です。

インラインというのは、「文章の中に埋める」と思いましょう。では、文章というのはなんでしょうか。Webページではテキストになります。

「テキスト」は、文字列です。たとえば、次のコードの場合、p要素はブロック型の要素、テキストは「こんにちは」という文字列です。

HTML

```
<p>こんにちは</p>
```

こんにちは

では、これに埋め込まれる要素をまとめてみましょう。この回では、要素の姿が見えやすくなるよう、対象の要素に枠線を設定しています。P.42で解説したstyle要素のコードを記入しましょう。すでに記入されているダウンロードファイル2-04-1.htmlを使ってもかまいません。

1. リンクの要素（a）

　すでに学んだ「a」要素（アンカー）は、リンクを表す要素です。これもテキストの中に埋め込むことができます。横は伸びていません。

完成サンプル：2-04-1-a.html

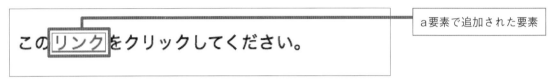

2. 画像の要素（img）

　これもすでに学びました。「img」要素は、画像を表す要素です。こちらも横は伸びていませんね。ただ、img要素は、文章中というよりも独立して表示させるほうが多いようです。

3. 強調の要素（em）

　「em」要素は、強調（emphasize）の要素です。声のトーンを上げた感じだと思うとよいでしょう。

今日は、とてもいい天気ですね。

斜体で強調させる

あれ？　表示を見てください。Mac だと斜体に、Windows では何も変わりません。HTML は、プログラムに対してのアピールです。人間に対してのアピールではないため、このような表示になります。色を変えたいなど人間に対してアピールするためには CSS を用います。たとえば、

CSS

```
em{
    color:red;
}
```

今日は、とてもいい天気ですね。

このように style 要素の中で指定すると em 要素は赤色になります（color は「文字の色」を示します。CSSについては Chapter3 で学びます）。

4. 重要の要素（strong）

「strong」要素は、重要の要素です。その表示コンテンツが大事なものであることを示しています。

HTML

2022 年 11 月現在、storong 要素自体には太字にするという意味はないが、過去に strong 要素には太字にするという意味があったので、現在でもブラウザでの表示は太字になる

5. ルビの要素（ruby）

　ルビというのは、「ルビー」、宝石の名前だそうです。昔、イギリスの活版印刷では、文字の大きさを宝石の名前で表していたそうです。5.5pt の大きさはルビー。日本では、ふりがななどに使用され、そのふりがながルビーとなったということです。「ruby」要素は、ルビを表示するための要素です。rt 要素は、ルビのふりがなテキスト（ruby text）を表す要素です。

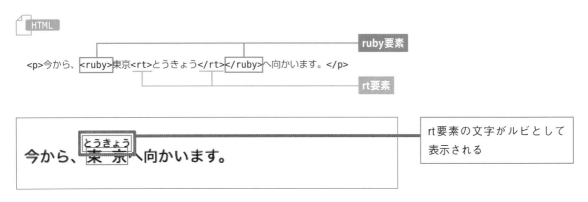

6. 添字の要素（sup,sub）

　たとえば、水の「2 の 2 乗」や、水の「H_2O」などを表示したいときがあるでしょう。そんなときに添字の要素、「sup」を用います。下付き添字は「sub」要素です。

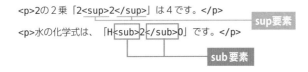

7. コード要素 (code)

HTML

```
<pre><code>&lt;!DOCTYPE hrml&gt;
&lt;html lang="ja"&gt;
    &lt;head&gt;
    &lt;meta charset="utf-8"&gt;
    ・・・</code></pre>
```

（図中ラベル：code要素、pre要素）

「code」要素は、コードを表示するための要素です。また、「<>」の記号は、Webページに表示するために特殊文字「<、>」を用います。

「pre」要素は、整形済みフォーマットの要素で、改行や空白を維持する要素です。後ほど登場します。

```
<!DOCTYPE hrml>
<html lang="ja">
    <head>
    <meta charset="UTF-8">
    ・・・
```

8. 改行の要素 (br)

「br」要素は、文字列の行の中で改行するための要素です。ただ、改行目的で闇雲に使ってしまうと、変なところで改行され、デザインがおかしくなってしまいますので、乱用は避けましょう。用途としては、ポエム、詩、住所の表示などが考えられます（改行の要素では、要素の枠線は表示されません）。

HTML

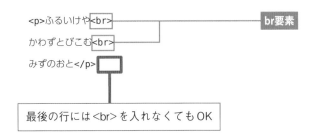

```
<p>ふるいけや<br>
かわずとびこむ<br>
みずのおと</p>
```

（図中ラベル：br要素、最後の行には
を入れなくてもOK）

```
ふるいけや
かわずとびこむ
みずのおと
```

9. 長い英文行での改行の要素（wbr）

HTML

```
<p>詳しいことはこちらのURLをご覧ください。URLは<a href="https://exanple.co.jp/goodsA/detail/index.html"
>https://exanple.co.jp/goodsA/detail/index.html</p>
<p>詳しいことはこちらのURLをご覧ください。URLは<a href="https://exanple.co.jp/goodsA/detail/index.html"
>https://exanple.co.jp/<wbr>goodsA/<wbr>deta il/<wbr>index.html</p>
```

wbr要素

「wbr」要素は、長い英文字等で行中で改行してもよい位置を指定します。たとえば空白のない英単語などは、一行で表示しようとします。そのため、サンプルの英文字の URL は、一行で表示しようとするので、br 要素を指定していないにもかかわらず「URL は」の後ろで切れてしまい、左に想定しない「すきま」が生じてしまいます。

wbr 要素は、改行してもよい場所を指定します。wbr 要素を指定している右端に近い、きりのいい場所で改行してくれる要素です。

<wbr> を入れた部分で改行される

10. 意味のない要素（span）

HTML

```
<p>この<span class="color1">色</span>は、赤色です。</p>
```

span要素

「span」要素はインラインでの div 要素に相当します。特別に意味を持たないため、テキストの行の中で、たとえば単に色を変えるなどのデザイン目的のための要素になります。

このとき、CSS は

CSS

CSS で色を赤に指定している

といった記述になります。

11. 枠線を消してみる

では、枠線を消して見ると次のようになります。

完成ファイル：2-04-1-b.html

テキスト

こんにちは

リンクの要素

この<u>リンク</u>をクリックしてください。

画像の要素

サンプル画像は　　　　　　　　です。

強調の要素

今日は、とてもいい天気ですね。

重要の要素

警告！触ったら危険です。

ルビの要素

今から、東京（とうきょう）へ向かいます。

添字の要素

水の化学式は、「H_2O」です。

2の2乗「2^2」は4です。

整形済みフォーマット

皆さん、こんにちは。
　　中島です。

　　　きょうも楽しくHTMLを勉強しましょう。・・・

コード要素

```
<!DOCTYPE hrml>
<html lang="ja">
    <head>
    <meta charset="UTF-8">
    ・・・
```

改行の要素

ふるいけや
かわずとびこむ
みずのおと

000-0000
東京都〇〇区〇〇1-2-3
〇〇株式会社

長い長文の改行の要素

詳しいことはこちらのURLをご覧ください。URLは
https://exanple.co.jp/goodsA/detail/index.html

詳しいことはこちらのURLをご覧ください。URLはhttps://exanple.co.jp/goodsA/detail/index.html

意味のない要素

この色は、赤色です。

　なんだかスッキリしましたね。ですが、Webページを作成したり見た目を変えるときは、枠線があるものと思って作成しましょう。

そのほかの要素

最後にそのほかの要素について確認していきましょう。使う場面は限られていますが、あると便利なものが多いので、覚えておくと役に立ちます。完成サンプルは「2-05-a.html」のファイルです。

❶ htmlファイルの作成

HTML 2-05.html

```
<!DOCTYPE html>
<html lang="ja">
    <head>
        <meta charset="utf-8">
        <title>HTMLの練習</title>
    </head>
    <body>
    </body>
</html>
```

練習用に以下のファイル（テンプレート）を使用しましょう。ファイル名は「2-05.html」とし、以下に紹介する要素をbody要素内に書いて練習しましょう。なお、完成サンプルは「2-05-a.html」です。

❷ 箇条書き

1. 順番の箇条書き（ol.li）

HTML 2-05-a.html

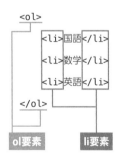

箇条書きは「リスト」とも言います。項目を並べることですね。その箇条書きについて学んでいきましょう。たとえば皆さんが試験を受ける場面を考えてみましょう。今日の1限目「国語」、2限目「数学」、3限目「英語」の試験をWebページに表示します。これらが箇条書きであり、順番があることを明示しましょう。

ol 要素は、たとえば 1 限目、2 限目、3 限目と順番のある箇条書きです。「ordered list」、order は順番、list は箇条書きと覚えるとよいでしょう。

ul 要素の中のひとつひとつの項目は li 要素になります。「list item」、item は項目と覚えるとよいでしょう。

完成サンプル：2-05-a.html

ol 要素によって順番が表示される

HTML

```
<ol reversed>
    <li>HTML5</li>
    <li>CSS3</li>
    <li>JavaScript</li>
</ol>
```
reversed 属性

このようにブラウザが順番の箇条書きとして認識していることがわかります。

また、reversed 属性を使えば、箇条書きの順序を逆にすることができます。なお表示が変わるだけで、データやソースコードが入れ替わったり変更されるものではありません。

```
3. HTML5
2. CSS3
1. JavaScript
```

2. 順番のない箇条書き（ul,li）

HTML

では、試験で持参するもの「鉛筆・消しゴム・受講票」はどうでしょう。これらはどれが先でも後でも変わらないですね。ol 要素と違うのは順番がないということです。ul 要素は、順番のない箇条書き（un-ordered list）です。un は否定、順番（order）が「ない」ことを示します。

```
• 鉛筆
• 消しゴム
• 受講票
```

ul 要素は単純に箇条書きとして表示される

3. 説明と解説 (dl,dt,dd)

たとえば、辞書を思い浮かべてみましょう。中には、「単語」と「説明」がありますね。それを HTML で明示してみましょう。

HTML

「dl」要素は、説明と解説の要素です。「description list」と覚えるといいでしょう。dt 要素は「definition term」定義する用語、dd 要素は「definition description」定義の説明と覚えるとよいでしょう。

HTML
　　文書を構造化します
CSS
　　見た目を定義します
JavaScript
　　動きを定義します

---

❸ 表 (table)

表で用いる、table 要素は、表を表します。たとえば、表計算ソフトの列、行、セルなどに該当します。Web ページ上に表を表示するんですね。なお、枠線を付して要素を見える化しています。

「table」要素は、表であることを表します。たとえば Web ページ上にエクセルの表を掲載すると思うとよいでしょう。

「caption」要素は、「表の説明と解説」になります。

「tr」要素は横に並んだひとつの「行」(table row)、th 要素は「表ヘッダー」(table heading)、td は、データを格納するセル (table data) と覚えるとよいでしょう。

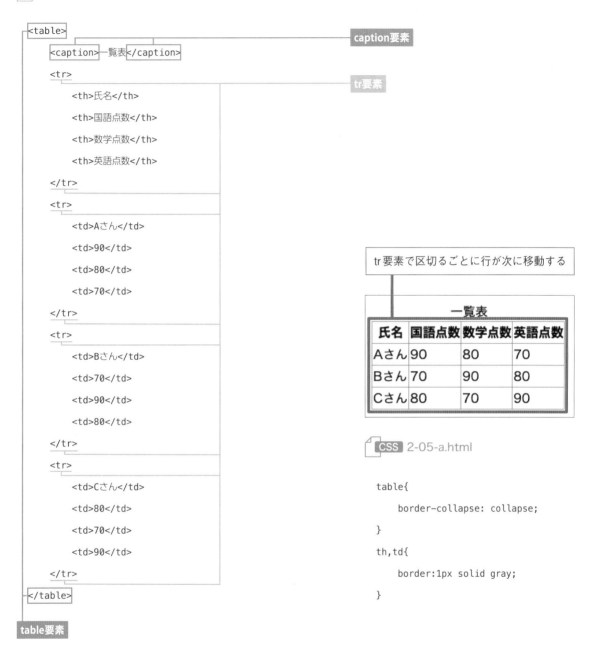

```
<table>
    <caption>一覧表</caption>
    <tr>
        <th>氏名</th>
        <th>国語点数</th>
        <th>数学点数</th>
        <th>英語点数</th>
    </tr>
    <tr>
        <td>Aさん</td>
        <td>90</td>
        <td>80</td>
        <td>70</td>
    </tr>
    <tr>
        <td>Bさん</td>
        <td>70</td>
        <td>90</td>
        <td>80</td>
    </tr>
    <tr>
        <td>Cさん</td>
        <td>80</td>
        <td>70</td>
        <td>90</td>
    </tr>
</table>
```

caption要素

tr要素

table要素

tr要素で区切るごとに行が次に移動する

一覧表

氏名	国語点数	数学点数	英語点数
Aさん	90	80	70
Bさん	70	90	80
Cさん	80	70	90

CSS 2-05-a.html

```
table{
    border-collapse: collapse;
}
th,td{
    border:1px solid gray;
}
```

　なお、デフォルトでは、枠線が表示されないため、右上のCSSを付しています（borderは枠線を表示、border-collapseは枠線をセルが共有するCSSです）。

❹ 整形済みフォーマットの要素（pre）

「pre」要素は、整形済みフォーマット（pre format）の要素です。皆さんもお気づきかもしれませんが、HTML は、コード内の改行や空白、Tab などは無視します。そうすると、たとえば、メールやプログラム等のコードを、Web ページに表示する際に困りますね。pre 要素は、改行や空白を維持したままにするために使用します。pre 要素に枠線を付けて表示します。

皆さん、こんにちは。
中島です。

きょうも楽しくHTMLを勉強しましょう。・・・

---

❺ 詳細の要素（details）

```
<details>

    <summary>振込先はこちら</summary>

    <p>口座への振込先は、こちらです。</p>

    <ul>

        <li>銀行名:**銀行</li>

        <li>支店名:**支店</li>

        <li>銀行口座:****</li>

        <li>口座名義:****</li>

    </ul>

</details>
```

「details」要素は、ユーザーが追加で得られる備考・操作手段などの詳細情報を示します。

子要素として summary 要素が存在する場合は、詳細情報の要約を記述し、それをクリックすると折りたたまれた詳細情報が表示されます。

▼ 振込先はこちら

口座への振込先は、こちらです。

- 銀行名：＊＊銀行
- 支店名：＊＊支店
- 銀行口座：＊＊＊＊
- 口座名義：＊＊＊＊

---

❻ マーカーの要素（mark）

「mark」要素はハイライト表示です。Web ページの著作者ではなくユーザーが参照する際に便宜を図るためにあります。

HTML

```
<p>では皆さん、この俳句の「蝉」に注目しましょう。よく分かるようにハイライト表示しています。皆さんは・・・</p>
<blockquote>
    <p>静けさや<br>岩に染み入る<br><mark>蝉</mark>の声</p>
</blockquote>
```

matk要素

では皆さん、この俳句の「蝉」に注目しましょう。よく分かるようにハイライト表示しています。皆さんは・・・

静けさや
岩に染み入る
蝉の声

蝉のみ蛍光ペンで塗ったような表示になる

❼ 進捗の要素（progress）

たとえばタスクの進捗状況を表示するとき、数字でもよいのですが、この「progress」要素を利用すれば、ひと目でわかります。

HTML

```
<p>進捗状況：<progress value="40" max="100">40%</progress></p>
```

progress要素

min 属性は最小値、max 属性は最大値、value 属性は進捗の値です。このサンプルの場合、暗黙的に 0% から開始され、100% の進捗のうち、現在の進捗が 40 であることを示しています。なお、タグの間の「40%」はWeb ページ上に表示はされませんが、検索エンジン等に値を伝えるために書いています。

進捗状況　━━━━━━━━━　← value が 40 なので、100 のうちの 40 の状態で表示される

❽ メーターの要素（meter）

meter 要素は、progress 要素と似ていますが、上限・下限の規定範囲内の測定値を色付きで表示します。

HTML

```
<p>測定状況：<meter value="20" min="0" max="100" optimum=0 low=30 high=80>20%</meter></p>
```

meter要素

progress と同じで、value 属性は現在の測定値。min 属性は最小値、max 属性は最大値、low 属性と high 属性は仕切りになります。optimum 属性は最適値になります。

このサンプルの場合、最適値は 0、直近の間仕切りが 30 となっています。この範囲に値があると最適ですので、meter 要素のバーは青色になります。

直近の間仕切り（=low）を超えて次の間仕切り（=high）までの 30 から 80 までの範囲は、最適ではないので、バーは黄色に変化します。

high の間仕切りから最後までの 80 から 100 までの範囲は、バーは赤色に変化します。

❾ マルチメディア

マルチマディアは、文字、静止画、音声、動画などを組み合わせたものです。文字、静止画はすでに学びましたので、ここでは、音声、動画を学びましょう。

1. audio

audio 要素は、音声を表します。audio 要素だけでは、音を出せません。src 属性で音源を指定し、controls 属性で、音声を再生するためのボタンを表示します。

HTML

audio要素

```
<p><audio src="audio1.mp3" controls></audio></p>
```

src属性　　　controls属性

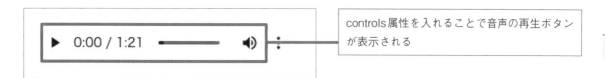

controls属性を入れることで音声の再生ボタンが表示される

なお、ブラウザによっては、音声ファイルの種類に対応していないこともありますので、複数のファイルを指定することもできます。

HTML

```
<p>
    <audio controls>
        <source src="/media/audio1.mp3" type="audio/mp3">
        <source src="/media/audio2.wav" type="audio/wav">
        <source src="/media/audio3.ogg" type="audio/ogg">
    </audio>
</p>
```

type要素

source要素

source 要素は、音声ファイルを指定します。type 属性は、そのファイルの MIME タイプ（種類）を明示します。もし、audio1.mp3 が使用できなければ、audio2.wav が、もし audio2.wav が使用できなければ audio3.ogg を再生しようとします。

2. video

video 要素は、動画（音声＋画像）を表します。

HTML

video要素

```
<p><video src="video1.mp4" controls></video></p>
```

src属性   controls属性

video 要素も audio 要素と同様に、src 属性で音源を指定し、controls 属性で、動画を再生するためのボタンを表示します。

controls属性を入れることで動画の再生ボタンが表示される

また、audio 要素と同様、複数のファイルを指定することもできます。

```html
<p>
    <video controls>
        <source src="/media/video1.mp4" type="video/mp3">
        <source src="/media/video2.webM" type="video/webM">
        <source src="/media/video3.ogg" type="video/ogg">
    </video>
</p>
```

type要素

source要素

　ところで、audio 要素、video 要素には、autoplay 属性があります。これは、自動再生を可能にするための属性ですが、実は現在は使用できません。想像してみてください。皆さんが閲覧する Web ページのバナーのすべてから、音が自動再生されたら、うるさくてたまりませんね。そのため、audio 要素、video 要素では、特別な条件を除き、自動実行（autoplay）は動作せず、ユーザーがボタンをクリックするなど何かしらのアクションが必要になっています。ここで、動画は、画像と音声を組み合わせたものですね。では、音声が再生できなければ、画像だけでも自動再生できるというのは、どうでしょう。

```html
<p><video src="video.mp4" controls autoplay muted></video></p>
```

自動再生　　mute属性

　muted 属性で音を消して自動再生（autoplay）にしてみました。音が出ないので、これはうまくいきます。
　スマートフォンで皆さんが Web ページを閲覧して動画を再生する際、動画がスマートフォンの画面いっぱいに広がった経験はありませんか。あれは、スマートフォンのプレイヤーが別に起動しているものです。そこで次のソースコードを実行してみましょう。

```html
<p><video src="video.mp4" controls playsinline></video></p>
```

playsinline属性

　playsinline 属性は、スマートフォンの中で、Web ページのデザインを保ったまま動画を表示してくれるものです。ぜひ、試してみてください。

❿ 描画の要素（canvas）

たとえば、Web ページ上にグラフを表示させるには、画像を作成して、それを掲載するのが一般的でしょう。しかし、データが頻繁に変わると、画像を都度更新するのはめんどうです。「canvas」要素は描画の要素です。それを使えば、都度画像を作り直さなくても、データを入れ替えるだけで、グラフを作成することができます。なお、canvas は HTML の要素ですが、それをコントロールするのは JavaScript になります。

1. 円グラフ

 HTML

以下のコードは 0 度から 200 度の空色の円グラフと、200 度から 360 度までのピンクの円グラフを表示します。

```
<canvas id="mycanvas1" width="200" height="200"></canvas>
<script>
    const mycanvas1=document.getElementById("mycanvas1");
    const myctx1=mycanvas1.getContext("2d");
    //ひとつめの円グラフ
    myctx1.beginPath();
    myctx1.moveTo(100,100);
    myctx1.arc(100,100,80,deg(0),deg(200),false);
    myctx1.closePath();
    myctx1.fillStyle="skyblue";
    myctx1.fill();
    //ふたつめの円グラフ
    myctx1.beginPath();
    myctx1.moveTo(100,100); myctx1.arc(100,100,80,deg(200),deg(360),
false); myctx1.closePath();
    myctx1.fillStyle="pink";
    myctx1.fill();

    function deg(deg){
        return (deg-90)/180*Math.PI;
    }
</script>
```

ここで0度から200度を設定している

ここで0度から200度を設定 している

ここで200度から360度を設定している

ここで0度から200度を設定している

色の指定

2. 棒グラフ

以下のコードは値が 100 の空色の棒グラフと、値が 150 のピンクの棒グラフを表示します。

```
<canvas id="mycanvas2" width="200" height="200"></canvas>


<script>
  const mycanvas2=document.getElementById("mycanvas2");

  const myctx2=mycanvas2.getContext("2d");


  //ひとつめの棒グラフ
  myctx2.fillStyle="skyblue";

  myctx2.fillRect(0,200,100,y(100));
  //ふたつめの棒グラフ
  myctx2.fillStyle="pink";

  myctx2.fillRect(100,200,100,y(150));


  function y(y){

    return -y;

  }

</script>
```

> ここで値100 を設定している

> ここで値150 を設定している

3. 折線グラフ

以下のコードは値が 0,50,150 と増える空色の折線グラフを表示します。

```
<canvas id="mycanvas3" width="200" height="200"></canvas>
<script>
    const mycanvas3=document.getElementById("mycanvas3");

    const myctx3=mycanvas3.getContext("2d");

    myctx3.strokeStyle="skyblue";
```

```
//折れ線グラフ
myctx3.beginPath();
myctx3.moveTo(0,y3(0));
myctx3.lineTo(100,y3(50));
myctx3.lineTo(200,y3(150));
myctx3.stroke();
function y3(y){
    return 200-y;
}
</script>
```

ここで100になると50増える
設定をしている

ここで200になると150増える
設定をしている

canvas 要素では基本的な図形（円弧・矩形・直線、多角形、曲線、グラデーション）を JavaScript で描画できます。シミュレーションやゲームを作ることもできる大変おもしろい技術ですので、興味があれば勉強してみてください。

⓫ フォーム

フォームとは、ユーザーからの情報を受け取るものです。HTML でその受付窓口を設けて、受け取った情報は JavaScript や PHP などのプログラムが処理を行います。ここではその受付窓口の種類を紹介します。

1. 一行入力の要素（input）

text

input 要素は、一行入力の入力パーツです。type 属性は、入力パーツの種類を指定します。ここでは、text の種類の入力パーツ、「テキストボックス」です。

HTML

```
<p>
    <input type="text">
</p>
```

type属性

Input要素

range

range 属性「値」は、数値を入力するスライダです。

```
<p>
    スライダ：<input type="range">
                                        type属性値がrange
</p>
```

スライダ：━━━━●━━━━━━

また、input 要素には、入力可能な最小値、最大値、増加量、初期値を設定することができます。

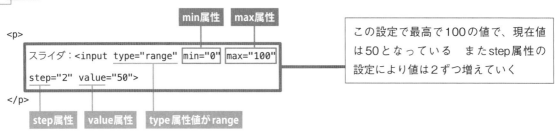

min属性　max属性

```
<p>
    スライダ：<input type="range" min="0" max="100"
    step="2" value="50">
</p>
```

この設定で最高で100の値で、現在値は50となっている　またstep属性の設定により値は2ずつ増えていく

step属性　value属性　type属性値がrange

min 属性は最小値、

max 属性は最大値、

value 属性は現在の値、

step 属性は、増加する量の値（たとえば上記のサンプルだと、0,2,4,6 と値が増える）を指定します。

date

type 属性値が date だと、日付を入力するカレンダーです。入力ボックスの欄に直接年月日を入力することもできますが、カレンダーで選択したほうが便利ですね。

```
<p>
    日付：<input type="date">
</p>
```

type属性値がdate

time

time 属性は、時間を入力することができます。時間の入力がとても便利になります。

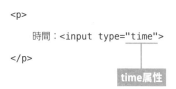

```
<p>
    時間：<input type="time">
</p>
```

time属性

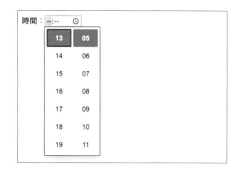

color

type 属性値が color だと、色を入力することができます。これは、色を選択するためのカラーピッカーです。

```
<p>
    色:<input type="color">
</p>
```

type 属性値が color

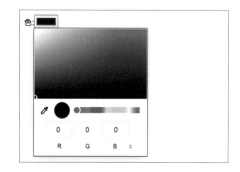

値は、色コードとして取得されます。

色コードは、#rrggbb 形式です。# の次は、赤・緑・青の色の量を 16 進数で表します。たとえば、#000000 は黒色、#ffffff は白色、#ff0000 は赤色、#00ff00 は緑色、#0000ff は青色になります。

number

type 属性値が number だと、数値の入力になります。

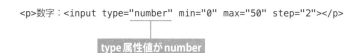

```
<p>数字：<input type="number" min="0" max="50" step="2"></p>
```

type 属性値が number

マウスを当てると上下の矢印が出てきます。min 属性、max 属性を付けると最小値、最大値を、step 属性を付けると増分の値を指定することができます。

tel

type 属性値が tel だと、電話番号を入力することができます。

HTML

```
<p>電話：<input type="tel"></p>
```

type 属性値が tel

tel属性により自動的に
テンキーで表示される

パソコンでみると変化はありませんが、スマートフォンで見るとソフトキーボードがテンキーになります。

url

type 属性値が url だと、URL を入力することができます。

HTML

```
<p>URL：<input type="url"></p>
```

type 属性値が url

スマートフォンにおいてソフトキーボードにドットやスラッシュ、jp などが表示され URL を入力しやすくなります。

email

type 属性値が email だと、メールアドレスを入力することができます。実際のフォーム画面で送信ボタンを押した瞬間に、入力値が不適切なものなら警告してくれる機能が備わっています。

HTML

```
<p>電子メール：<input type="email"></p>
```

type 属性値が email

入力候補の要素（datalist）

datalist 要素は、フォーム入力欄において入力候補を定義します。入力候補は option 要素を使います。

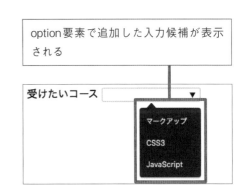

radio

type 属性値が radio だと、単一選択のラジオボタンになります。複数の選択肢のうち、1 つだけ選択できます。

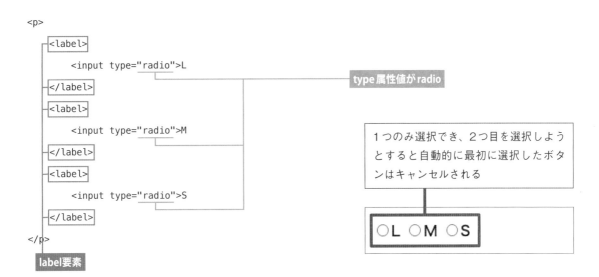

label 要素は、ラジオボタンのラベルを指定します。これがないとラジオボタンの〇をクリックして選択できるのですが、右の L，M，S のラベルをクリックしても選択できません。

label 要素があれば、L，M，S のラベルをクリックすると選択できるようになります。

2. 選択メニューの要素（select option）

select 要素は、選択メニュー、プルダウンメニューを作成することができます。

HTML

```
<p>生年月を選んでください：
```

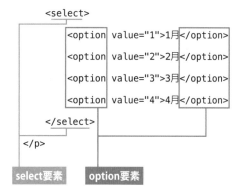

```
<select>
    <option value="1">1月</option>
    <option value="2">2月</option>
    <option value="3">3月</option>
    <option value="4">4月</option>
</select>
</p>
```

select要素   option要素

option 要素は選択するひとつひとつの項目になります。たとえば 1 月を選択した場合、1 がプログラムに渡されます。

生年月を選んでください：1月 ⌄ ｜ 上記の設定では4月までだが、もちろん12月まで設定することもできる。その場合はoption要素を12月まで増やす

3. 複数行入力の要素（textarea）

input 要素は、一行入力の入力パーツでした。複数行入力をすることができるのがこの textarea 要素です。

HTML

```
<p>
    複数行入力：<textarea></textarea>
</p>
```

textarea要素

複数行入力：

4. form

form 要素は、PHP などのプログラムにデータを送るためのフォームを作成することができます。

```html
<form method="get" action="example.php">
    <p>これはフォームです</p>
    <p>
        <input type="text" name="name">
    </p>
    <p>
        <input type="submit" value="送信">
    </p>
</form>
```

method属性

action属性

name属性

type属性の値がsubmitのinput要素

form要素

method 属性は送信の方式、action 属性は処理先のファイル、name 属性はデータのラベル、type 属性の値が submit の input 要素は送信ボタンを設置することができます。

form 要素、input 要素については、お問い合わせフォームなどでよく使われます。Chapter5 で実際の利用方法について引き続き学びますので、楽しみにしてください。

これはフォームです

送信

送信ボタンについては P.230 を参照

⓬ JavaScript

JavaScript は Web ブラウザ上で動作するプログラムです。本誌では範囲外ですが、設置には HTML の要素を使います。

「script」要素は、Web ページに JavaScript の命令文を組み込みます。head 要素、body 要素内に記述します。誤って終了タグを消してしまうと機能しないので注意しましょう。

```html
<script>
    document.write("こんにちは");
</script>
```

document.write(" 〜 "); は画面に文字を表示させる JavaScript の命令文です。

こんにちは

なお、外部に JavaScript ファイル（例、script.js）を作って、その中に JavaScript の命令文を書き、そのファイルを html ファイル内に読み込みたいときは html ファイルに次のソースを挿入します。

```
<script src="script.js"></script>
```

そうすれば、外部 JavaScript を読み込むことができます。設置の方法は、CSS の外部スタイルシートに似ています。

⓭ そのほかの属性

最後に、ユニークな属性についてご紹介します。

1. 編集を許可する属性（contenteditable）

div 要素等の内部のコンテンツの編集を許可します。JavaScript を用いた Web アプリケーションなどで役に立つ属性です。

```
<div contenteditable="true">
    クリックしてください。編集できます。
</div>
```
┗━━━ contenteditable属性

> **クリックしてください。編集できます。**

2. 関連性を失った属性（hidden）

その要素が、関連性を失っているかどうかを指定します。結果的には非表示となりますが、非表示を目的とした指定ではないので注意しましょう。

```
<p hidden>今は無関係な要素。結果的に表示されていない</p>
```
┗━━━━━━━━━━━━ hidden属性

ページを装飾する CSS

次にCSSについて学んでいきましょう。HTMLでWebページの骨組みを組んだら次はCSSで服を着せていくようにデザインを施して見栄えよくします。

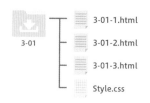

Chapter
3

01

3-01

3-01-1.html
3-01-2.html
3-01-3.html
Style.css

CSSの基礎

CSSは「Cascading Style Sheets」の略です。「CSS」は、HTMLの要素の色やサイズや位置を決定するための言語です。

❶ CSSの設置の方法

それでは、まず、CSSを設置する方法を学びましょう。

1.ページ内CSS

ページCSSは、head要素内にstyle要素を設けその中にCSSを記述する方法です。

HTML 3-01-1.html

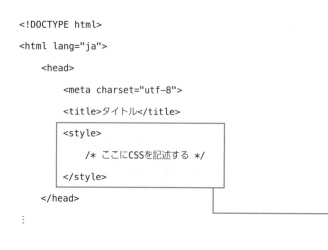

```
<!DOCTYPE html>
<html lang="ja">
    <head>
        <meta charset="utf-8">
        <title>タイトル</title>
        <style>
            /* ここにCSSを記述する */
        </style>
    </head>
```

style 要素

style要素は、CSSのエリアであることを示します。1つのページ内にHTMLとCSSを書くことができ、そのページ内の要素にスタイルを適用できるので、練習には最適なのですが、複数のページにまたぐようなことはできません。ですので、1つのWebページで作成されたサイト用と考えるとよいでしょう。

2.外部CSSファイル（一般的な方法）

1.のページ内CSSだと、複数Webページにそれぞれstyle要素とCSSを記述するのは効率が悪いです。たとえば、CSSのファイルだけ別に設けて、それを複数のWebページに反映させると便利そうです。

CSSのファイルは、通常ファイル名は「style.css」と拡張子を「.css」として作成します。そのCSSファイルには、CSSのみ記述します。

Webページに反映させるには、link要素を設置します。たとえば、style.cssを読み込むためには次のように記述します。

```
<!DOCTYPE html>
<html lang="ja">
    <head>
        <meta charset="utf-8">
        <title>タイトル</title>
        <link rel="stylesheet" href="style.css">
    </head>
        ⋮
```

```
                                                    href属性
                                                    rel属性
                                                    link要素
```

link 要素は「定義する」

rel 属性は、関連性ですが、「〜として」。この場合は「スタイルシートとして」

href 属性は、参照元、「〜を」。この場合は「style.css を」

と考えるとよいでしょう。ですので、「style.css を「スタイルシートとして定義する。読み込む」ということを記述します。

「style.css」には、次のように CSS のみを書きます。

```
p {
    color: red;
}
```

これで、たとえば Web サイトに 1 万ページあっても、1 つの「style.css」で要素のスタイル、Web サイトのデザインをコントロールすることができますし、春夏秋冬の Web サイトのデザインを変更するには 4 つの「style.css」を用意して置き換えるだけで変更可能になります。

3.style属性

この方法は、p 要素の style 属性の値に CSS の記述を行います。

```
<p style="color:red">きょうは暑いです。</p>
```

「p 要素の style 属性の文字の色は赤色」と指定しています。

1 つの要素にピンポイントにスタイルするのですが、ページ全体、Web サイト全体に適用するにはとても不便です。推奨はされていませんが、知識として知っておいてください。

3-02

CSSの基本

それでは、実際にHTMLファイルからCSSを書いて練習してみましょう。まずは文法の基本からおさえていきます。

❶ CSSの文法

　練習の準備として、テキストエディタでファイルを作成し、そのファイルをブラウザで開いてください。ファイル名は「3-02.html」として、次の HTML を書きましょう。なお、今回は、ページ内 CSS で練習を行います。以後、このファイルを CSS での「テンプレートファイル」とします。

HTML 3-02.html

```
<!DOCTYPE html>
<html lang="ja">
    <head>
        <meta charset="utf-8">
        <title>CSSの練習</title>
        <style>
            /*ここにCSSを記述する*/
        </style>
    </head>
    <body>

    </body>
</html>
```

style要素

たとえば、body 要素内に次のような p 要素があるとしましょう。

```
<p>いい天気ですね。</p>
```

これでしたら、「『いい天気ですね』の文字を空色にしたい」と書けばよさそうですが、さらに p 要素が複数あった場合はどうでしょうか。

```
<p>昨日はいい天気でした。</p>
<p>今日もいい天気ですね。</p>
<p>明日もいい天気でしょう。</p>
<p>今後 1 週間はとても暑い見込みです。</p>
```

　これでは「『昨日は・・・』『今日は・・』『明日も・・・』『今後・・・』の文字を空色にしたい」と書くのはとても面倒です。なにか目印を作りましょう。HTML のコードを見てみると、目印になりそうな「荷札・付箋」の「タグ」がありました。これを使って「p 要素の文字の色は空色です」と書けそうです。
　CSS は次のように書きます。

```
p{color:skyblue;}
```

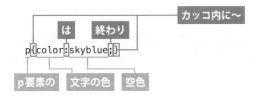

と読み替えましょう。そうすると

p要素の{文字の色は:空色です;}

と読めるでしょう。これで要素にスタイルを設定することができました。

完成サンプル：3-02-1.html

昨日はいい天気でした。

今日もいい天気ですね。

明日もいい天気でしょう。

今後１週間はとても暑い見込みです。

そして一般的に CSS の各部分は次のように呼びます。

```
セレクタ    値
p{color:skyblue;}
     プロパティ
```

セレクタの{プロパティは:値です;}

これが、CSS の文法になります。CSS の書き方はかんたんでしょう？
あとは、セレクタ・プロパティ・値を覚えればよいことになります。

⓪③ CSSのセレクタ

それでは、セレクタについて学んでいきましょう。3-02で使用した**練習ファイル**を引き続き使っていきます。完成データはその都度、ファイル名を記載しています。

❶ 要素セレクタ

すでに紹介した次のコードについて確認しましょう。

CSS 3-03-1.html

```
<style>
    p{color:skyblue;}                          ← p要素 (要素セレクタ)
</style>
```

「p」は「p要素」です。要素名をセレクタにしているので、この部分の種類は「要素セレクタ」と言います。まず、私達は、要素セレクタでさまざまな要素のスタイルを定義することができるようになりました。

❷ クラスセレクタ

すべてが要素セレクタでスタイルを指定できればよいのですが、たとえば複数あるp要素の3つめと4つめは、違うスタイルにしたいという例外も考えられます。たとえば、

HTML

```
<h1>お天気</h1>
<p>昨日はいい天気でした。</p>
<p>今日はいい天気ですね。</p>
<p>明日はとても暑いでしょう。</p>
<p>今後1週間はとても暑い見込みです。</p>
```

p 要素の文字の色は空色として、3 つめと 4 つめは緑にしたい場合、目印がないですね。ではその目印を設置しましょう。

HTML 3-03-2-a.html

```
<h1>お天気</h1>
<p>昨日はいい天気でした。</p>
<p>今日はいい天気ですね。</p>
<p class="color1">明日はとても暑いでしょう。</p> ──────── class属性
<p class="color1">今後 1 週間はとても暑い見込みです。</p>
```

「class="color1"」という目印を付けました。class 属性は、共通のスタイルを取り付ける属性です。color1 は、そのスタイルの名前です。

CSS

```
<style>
    p{color:skyblue;}
    p.color1{color:green;} ──────── クラス
</style>
```

「.（ドット）」は CSS でクラスであることを示しています。そうすれば、p 要素のクラス属性「color1」の文字の色は緑色に設定できるようになります。

完成サンプル：3-03-2-a.html

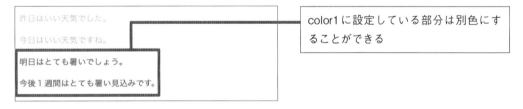

color1 に設定している部分は別色にすることができる

なお、最初の「p 要素の」を省略することもできます。その場合は要素の種類に関係なく、すべての要素のクラス属性「color1」の文字の色は緑色になります。完成データは「3-03-2-b.html」になります。

CSS

```
<style>
    p{color:skyblue;}
    .color1{color:green;}
</style>
```

たとえばh1要素にclassセレクタを取り付けてみると、要素に関係なく緑色になります。

このように、HTMLにclass属性を設置し、CSSで「.」にクラスの名前を付けたセレクタを「クラスセレクタ」と言います。

複数の要素に同時にスタイルを適用することもできますが、必ずしも2つ以上とは限らず、1つの要素にクラス属性を設定することもあります。

❸ IDセレクタ

先に説明した要素セレクタとクラスセレクタで、大抵の要素へのスタイルの設定は可能でしょう。

ところで、HTML編でID属性というものがあることを解説しましたね。IDは、HTMLの要素に付けることで、その要素を特定するための識別名です。1つのWebページ内では、ID属性の値(識別名)はユニークである必要があります。

HTML 3-03-3.html

```
<h1>お天気</h1>
<p>昨日はいい天気でした。</p>
<p>今日はいい天気ですね。</p>
<p class="color1">明日はとても暑いでしょう。</p>
<p class="color1" id="week">今後1週間はとても暑い見込みです。
</p>
```

id属性

これも目印にすれば、スタイル付けが便利になりそうですね。

CSS

```
<style>
  p{color:skyblue;}
  p.color1{color:green;}
  #week{color:red;}
</style>
```

id属性

「#（シャープ）」はid属性であることを示しています。

完成サンプル：3-03-3.html

> 昨日はいい天気でした。
> 今日はいい天気ですね。
> 明日はとても暑いでしょう。
> **今後1週間はとても暑い見込みです。**

このように、要素に id 属性を設置し、CSS で「#」に ID の名前をつけたセレクタを「ID セレクタ」と言います。
ここまでをまとめると、

1. まず要素セレクタで要素をスタイルする
2. クラスセレクタで例外となる要素をスタイルする
3. id 属性があれば ID セレクタで要素をスタイルする

という流れでスタイルを行えば、スマートに Web ページのデザインを行うことができるでしょう。

④ ユニバーサルセレクタ

実は、もう 1 つセレクタがあります。

```css
*{color:skyblue;}
```

「*（アスタリスク）」はすべての要素に適用されるセレクタです。
それでは、練習の準備として CSS での「テンプレートファイル」を準備しましょう。ファイル名は「3-03-4.
html」としましょう。以下の HTML を書きましょう。

HTML 3-03-4.html

```html
<div id="wx">
    <h1>お天気</h1>
    <p>昨日はいい天気でした。</p>
    <p>今日はいい天気ですね。</p>
    <p>明日はとても暑いでしょう。</p>
</div>
<p>今後1週間はとても暑い見込みです。</p>
```

id 属性（値は「wx」）を設定した div 要素内に h1·p 要素が 4 つ、div 要素の外に p 要素が 1 つ存在しています。

　ここで、id 属性の値が「wx」の中のすべての要素の文字の色を skyblue にしたい場合は、CSS に次のように書くことができます。

📄 **CSS** 3-03-4-a.html

```
<style>
    #wx *{color:skyblue;}
</style>
```

「#wx *」は、id 属性の値が「wx」の div 要素の中のすべての要素という意味です。

完成サンプル：3-03-4-a.html

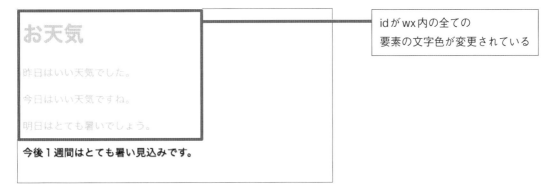

id が wx 内の全ての
要素の文字色が変更されている

これを「ユニバーサルセレクタ」または「全称セレクタ」と言います。

❺ 優先順位

ここで、気が付いた方がいるかもしれませんね。1 つの要素にあちこちからスタイルの設定がされています。
セレクタには優先順位があります。弱いものから強い順に

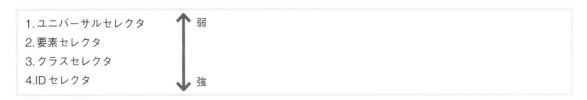

1. ユニバーサルセレクタ　　↑　弱
2. 要素セレクタ
3. クラスセレクタ
4. ID セレクタ　　　　　　↓　強

になります。優先順位はほかにもあります。

Webページの制作者、閲覧者、ブラウザの設定にもより、弱いものから次の順番になります。

1. ブラウザの初期値のCSS設定　　　　　↑　弱
2. 閲覧者の設定したCSS設定
3. Webページ制作者の指定したCSS　　　↓　強

2.要素セレクタが優先

　また、CSSの値に「!important」を付け加えると、1.の優先順位よりも優先され、「最強」になります。たとえば以下のようなCSSを書くと、IDセレクタ、クラスセレクタを使用しても、要素セレクタが優先されます。ただし、こんがらがりますので、多用はおすすめしません。

HTML 3-03-5-2.html

```
<style>
    p{color:red !important;}
    .css1{color:skyblue;}
    #id1{color:pink;}
</style>
 ⋮
<p>こんにちは</p>
```

完成サンプル：3-03-5-2.html

こんにちは　　　　　　　　　　importantに設定した赤色が優先される

3.重みによるCSS

　セレクタを組み合わせた時の重みは「詳細度」の値として表し、その値の大小で優先度が決まります。

詳細度 = (id属性の数)x100 + (class属性の数)x10 + (要素名の数)x1

　ただし、桁の繰り上がりはありません。

```
p{…}                詳細度=1(0+0+1)
section p{…}        詳細度=2(0+0+2)
p.css1{…}           詳細度=11(0+1+1)
section p.css1{…}   詳細度=12(0+1+2)
#id1{…}             詳細度=100(100+0+0)

style属性による詳細度は1000
```

4.位置による優先順位

css内で、後に記述したものが優先されます。

HTML 3-03-5-4.html

```
<style>
    p{color:red;}
    p{color:green;}
</style>
    ⋮
<p>こんにちは</p>
```

完成サンプル：3-03-5-4.html

こんにちは

後に記述した「green」で表示された

❻ 属性セレクタ

今まで説明した4つのセレクタのほかに、開始タグ内にある「属性と値」でセレクタを設定することができます。

それでは、練習の準備としてCSSでの「テンプレートファイル」を準備しましょう。ファイル名は「3-03-6-1.html」としましょう。

1.要素（属性）

設定した属性を持つ要素に対してスタイルを付けることができます。

`HTML` 3-03-6-1.html

```
<style>
    p[class]{color:red;}
</style>


<p class="css1">文章1</p>
<p>文章2</p>
```

完成サンプル：3-03-6-1.html

```
文章1
文章2
```

「文章1」のみclass属性を指定しているので、赤色に変わります。

2.要素（属性="属性値"）

設定した属性の値が完全一致する要素に対してスタイルを付けることもできます。

`HTML` 3-03-6-2.html

```
<style>
    input[type="text"]{color:red;}
</style>


<p>入力1：<input type="text"></p>
<p>入力2：<input type="tel"></p>
```

完成サンプル：3-03-6-2.html

入力１：example

入力２：example

input内に値を入力してみてください。text属性の値が「text」の要素だけ色が変わります。

3.属性値のパターンマッチ

属性値のパターンがマッチする要素に対してスタイルを付けるということも可能です。

HTML 3-03-6-3.html

```
<style>
    div[class~="css2"]{font-size:30px;}
    div[class^="c"]{background-color:green;}
    div[class$="3"]{color:blue;}
    div[class*="a"]{font-weight:bold;}
</style>


<div class="css2">文章１</div>
<div class="css3">文章２</div>
<div class="css2 css4">文章３</div>
<div class="aaa">文章４</div>
```

・[class~="css2"]は、class属性の値が複数あるうちでcss2を含んでいる要素(文章１,
　文章３の文字の大きさが30pxになる)
・[class^="c"]は、class属性の値がcで始まる要素（文章１、文章２、文章３の背景色が
　緑になる）
・[class$="3"]は、class属性の値が2で終わる要素（文章２の文字の色が青色になる）
・[class*="a"]は、class属性の値にaが含まれている要素（文章４の文字が太くなる）

完成サンプル：3-03-6-3.html

文章１
文章2
文章３
文章４

　私たちは、親要素、子要素について学んでいます。複数の要素が入れ子の状態になっているんですね。また要素は重箱みたいに段々に配置しています。それら要素の位置関係によりセレクタを設定することができます。

　それでは、練習の準備として CSS での「テンプレートファイル」を準備しましょう。ファイル名は「3-03-7.html」としましょう。

📄 HTML 3-03-7.html

```
<style>
    *{
        border:1px solid gray;
        margin:10px;
        padding:10px;
    }
    #box1{
        border:3px solid red;
    }
</style>


<div id="box1">
    基準の要素
    <p>子の要素</p>
    <div>
        <p>孫の要素</p>
    </div>
</div>
<p>隣接する要素</p>
<p>間接する要素</p>
<p>間接する要素</p>
```

1.子孫セレクタ

　親要素内にあるすべてのセレクタです。要素内でしたら階層は関係ありません。セレクタの間を半角空白でつなぎます。「A B{ ~ : ~ ;}」

📄 **CSS** 3-03-7-1.html

```
<style>
 ⋮
    #box1 p{background-color:gray;}
</style>
```
───────────────────────── 子孫セレクタ

完成サンプル：3-03-7-1.html

子の要素以下の要素の背景がグレーに変更されている

基準の要素

子の要素

孫の要素

隣接する要素

間接する要素

間接する要素

　親要素 (IDが box1) に含まれる子と孫の要素の背景が灰色になりました。

2.子セレクタ

親要素内の一階層下の子要素を示します。セレクタの間を「>」でつなぎます。「A>B{～:～;}」

3-03-7-2.html

```
<style>
  ⁝
    #box1>p{color:red;}
</style>
```
子セレクタ

完成サンプル：3-03-7-2.html

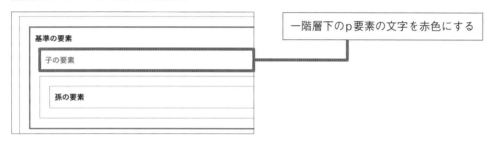

一階層下のp要素の文字を赤色にする

子要素の文字の色が赤色になりました。もし２階層下を指定したければ、ユニバーサルセレクタを使って「A>*>B」と指定します。

3.隣接セレクタ

要素のすぐ隣のセレクタを指定します。セレクタの間を「+」でつなぎます。「A+B{～:～;}」

3-03-7-3.html

```
<style>
  ⁝
    #box1+p{font-size:30px;}
</style>
```
隣接セレクタ

完成サンプル：3-03-7-3.html

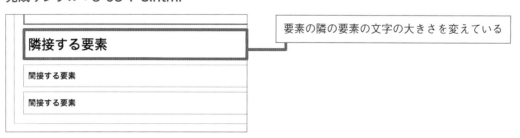

要素の隣の要素の文字の大きさを変えている

4.間接セレクタ

同一階層の、すべての要素を指定します。セレクタの間を「~」でつなぎます。「A~B{ ~ : ~ ;}」

CSS 3-03-7-4.html

完成サンプル：3-03-7-4.html

```
<style>
  ⋮
  #box1~p{color:red;}    ← 間接セレクタ
</style>
```

同一階層のp要素の文字を赤色にする

5.グループ化

複数のセレクタに同じCSSを適用させる場合は、それぞれ記述するのは効率が悪いですよね。そのようなときはセレクタをグループ化しましょう。

それでは、練習の準備としてCSSでの「テンプレートファイル」を準備しましょう。ファイル名は「3-03-5.html」としましょう。以下のコードを書きましょう。

HTML 3-03-7-5.html

```
<style>
  h1,              ┐
  p,               ┘ グループ
  button{
      border: 1px solid gray;
      margin: 3px;
      color: gray;
      width:200px;
      height:100px;
  }
</style>
  ⋮

<h1>大見出し</h1>
<p>文章</p>
<button>ボタン</button>
```

セレクタを「,（カンマ）」でつなげて記述します。

完成サンプル：3-03-7-5.html

❽ リセット CSS

CSS のテンプレートファイルを準備しましょう。ファイル名は、「3-03–8.html」とします。
次の HTML を書きましょう。

3-03–8.html

```
<p>最初の行</p>
<p>次の行</p>
<p>次の行</p>
```

要素をマウスで範囲指定すると、要素と要素の間に隙間が空いていることに気が付きますね。

最初の行
次の行
次の行

　これは誰が設定しているのでしょう。さらに、Web ページの文字の色が黒色だったり、文字の大きさが決まっていたり、背景色が白色だったりしています。これらはブラウザ自身が設定しているのですね。ブラウザがデフォルトで CSS を設定しているのです。

　ただ、勝手に隙間を空けられても困ります。そこでブラウザの持っている CSS を打ち消す「リセット CSS」というのがあります。さまざまな、リセット CSS が公開されていますので、「リセット CSS」で検索してみてください。

　なお、本誌では、便宜上、次のコードをリセット CSS として使用しています。値が 0 の場合には単位が省略できます。

CSS

```
*{margin:0;padding:0;}
```

完成サンプル：3-03-8-a.html

最初の行
次の行
次の行

CSSのプロパティと値

3-04

セレクタの次は、CSSのプロパティです。フォントやサイズ、色など、書式に関する値や余白、装飾など、非常に重要な項目となっています。

❶ 文字の装飾

CSS のテンプレートファイルを準備しましょう。ファイル名は、「3-04-1-1.html」とします。

1.色（color）

字の色のプロパティはすでに紹介していますね。値は色名などです。

CSS

```
<style>
    p{color:skyblue;}
</style>
```

完成サンプル：3-04–1-1.html

基本的なCSS

おそらく一番よく使うのが「文字の装飾」でしょう。この例では、1.色、2.サイズ、3.フォント、4.字を揃え、5.行高を学んでいきましょう。

色の値について

皆さんは、色の値として「red」「green」「blue」など知っている英語の色名を値として使うことが可能です。ただ、どうでしょう、同じ「緑」といった場合、人によって曖昧で色味が違いますよね。プログラムはそれでは困りますので色を数字で表す必要があります。

色コード

光の3原色は赤・緑・青です。いわゆる RGB です。その3原色の色の加減で色を指定してみましょう。まず、RGB の最初に「#」を付して、次に赤の色の量・緑の色の量・青の色の量を2桁で指定します。たとえば、赤、緑・青の値がどれも「00」だと、下のようなコードとなります。RGB の値がすべて「00」だと黒色になります。

CSS 3-04-1-1-b.html

```
p{color:#000000;}
```

では、RGB の値を増やしてみましょう。RGB の値がすべて「55」だと、灰色になります。

CSS

```
p{color:#555555;}
```

では、次の色は何色でしょうか。

CSS

```
p{color:#999999;}
```

これは白ではなく「明るい灰色」になります。
実は、数字は 16 進数 (00~ff) の値になりますので、まだ上があり、

CSS

```
p{color:#ffffff;}
```

これが白色になります。では、次の色は何色でしょうか。

CSS

```
p{color:#ff0000;}
```

赤が最大値「ff」ですので、いわゆる赤色です。同様に、

CSS

```
p{color:#00ff00;}
```

緑が最大値「ff」ですので、いわゆる緑色です。また、

CSS

```
p{color:#0000ff;}
```

これは、いわゆる青色ですね。

そうすると、16の6乗の色の値を、私たちは指定でき、プログラムに正確な値を伝えることができるようになりました。なお、ここまでの色の値は # のあと6桁でしたが、RGBのそれぞれの値を1桁で指定することもできます。

たとえば、次の値は同じ色になります。

```
#000000 と #000
#ff0000 と #f00
#00ff00 と #0f0
#0000ff と #00f
#ffffff と #fff
```

rgb（r,g,b）

rgb（r,g,b）は、見てわかるとおり、RGBを指定するもので、（）の中は、「赤,緑,青」の色の量の値を指定します。色の量は0から255の間で指定します（16進数の「ff」は、10進数に変換すると「255」になります）。

たとえば、

```
p{color:rgb(255,0,0);}
```

左からR,G,Bの数値を設定する

と記述すると、赤が255で、緑が0で、青が0ですから、赤色になります。

rgba（r,g,b,a）

先程のrgbにaが追加しています。a（alpha）は、不透明度になります。0〜1の間で、0は透明、1は不透明になります。

```
p{color:rgba(255,0,0,0.5);}
```

完成サンプル：3-04-1-1-b.html

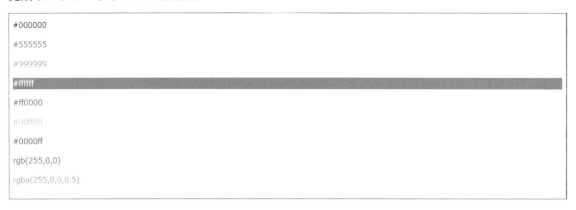

2.サイズ（font-size）

文字のサイズのプロパティは、「font-size」です。値は数字、単位は「px」などです。

CSS 3-04-1-2.html

文字のサイズ

```
p{font-size:32px;}
```

「px（ピクセル）」は、皆さんの PC 画面の光の素子の大きさになります。単位については以下のものも覚えておくとよいでしょう。

CSS

```
p{font-size:2em;}
```

「em」は「〜倍」といったところでしょう。これは、親要素の持っているサイズの 2 倍の大きさを子要素に指定するものです。

完成サンプル：3-04–1-2.html

基本的なCSS

おそらく一番よく使うのが「文字の装飾」でしょう。この回では、1.色、2.サイズ、3.フォント、4.左右揃え、5.行高を学んでいきましょう。

3. フォント（font-family）

英文字でしたら、文字のフォントのプロパティは、「font-family」です。値はフォント名などです。

CSS 3-04-1-3.html

```
p{font-family:serif;}
```

文字のフォント

「serif」はセリフ体（明朝体）の総称名になります。ゴシック体の総称名は「sans-serif」です。

完成サンプル：3-04–1-3.html

基本的なCSS

おそらく一番よく使うのが、文字の装飾でしょう。この回では、1.色、2.サイズ、3.フォント、4.左右揃え、5.行高を学んでいきましょう。

また、個別のフォント名でも可能ですが、パソコンによっては存在しないフォントもありますので、使用できる個別のフォント名を併記し、優先順位をつけて指定するなどもできます。

CSS

```
p{font-family:"arial","メイリオ","MS–Pゴシック";}
```

この場合、前から指定したフォント名から優先されます。総称フォントとは異なり、個別のフォント名には「""(ダブルクオーテーションマーク)」を付してください。なお、「Web フォント」というしくみがあり、これを使えば、パソコン内にフォントがあるなしに関わらず、希望する文字フォントを指定・表示することが可能です。「Web フォント」の利用の仕方は Chapter4 で触れますので、楽しみにしてください。

4. 行高（line-height）

たとえば、段落の中の文章の行間が詰まっていては見づらいですね。行間を広げるには、一行の高さを広げてあげます。

CSS 3-04-1-4.html

```
p{line-height:2em;}
```

行の高さ

行の高さを指定するプロパティは「line-height」です。値は数字で、単位の em は親要素の 1 行の 2 倍の高さを p 要素に指定しています。

完成サンプル：3-04–1-4.html

基本的なCSS

おそらく一番よく使うのが「文字の装飾」でしょう。この回では、1.色、2.サイズ、3.フォント、4.左右揃え、5.行高を学んでいきましょう。

5. 左右揃え（text-align）

たとえば Web ページの大見出し h1 要素の中のテキストは左に寄っています。これを、真ん中揃えにすることを考えましょう。

その場合は、次のように指定します。

CSS

```
h1{text-align:center;}
```
左右揃え

「text-align」は、要素内のテキストの左右中央揃えになります。ここでは「center（中央）」を指定しています。ほかにも、「left（左）」「right（右）」「justify（両端揃え）」がありますので、ぜひ試してみてください。

完成サンプル：3-04–1-5.html

基本的なCSS

おそらく一番よく使うのが「文字の装飾」でしょう。この回では、1.色、2.サイズ、3.フォント、4.左右揃え、5.行高を学んでいきましょう。

6.フォントスタイル（font-style）

font-style プロパティは、フォントスタイルを指定します。値は、normal、italic がイタリック体、oblique が斜体となります。厳密にはイタリック体と斜体は異なります。

```
<style>
    .css1{font-style:normal;}
    .css2{font-style:italic;}
    .css3{font-style:oblique;}
</style>

<p class="css1">normal・ノーマル</p>
<p class="css2">italic・イタリック</p>
<p class="css3">oblique・斜体</p>
```

フォントスタイル

完成サンプル：3-04-1-6.html

> **font-style**
>
> normal・ノーマル
>
> *italic・イタリック*
>
> *oblique・斜体*

7. フォントの太さ（font-weight）

font-weight プロパティは、フォントの太さを指定します。値は数字（1 〜 1000）の指定も可能ですが、フォントが対応していないこともあるので、通常は bold（700）を使います。

```
<style>
    .css1{font-weight:100;}
    .css2{font-weight:300;}
    .css3{font-weight:500;}
    .css4{font-weight:700;}
    .css5{font-weight:900;}
    .css6{font-weight:bold;}
</style>

<p class="css1">100</p>
<p class="css2">300</p>
<p class="css3">500</p>
<p class="css4">700</p>
<p class="css5">900</p>
<p class="css6">bold</p>
```

フォントの太さ

完成サンプル：3-04-1-7.html

> **font-variant**
>
> 100
>
> 300
>
> 500
>
> 700
>
> **900**
>
> **bold**

bold は 700 と同じ太さ

3

ページを装飾するCSS

8.フォントの大きさ（font-size）

font-size プロパティは、フォントの大きさを指定します。値としては、px、em、% などがあります。

HTML 3-04-1-8.html

```
<style>
    .css1{font-size:10px;}
    .css2{font-size:16px;}
    .css3{font-size:32px;}
    .css4{font-size:1em;}
    .css5{font-size:2em;}
    .css6{font-size:100%;}
</style>
```
フォントの大きさ

```
<p class="css1">10px</p>
<p class="css2">16px(これが一般的なフォントの大きさ)</p>
<p class="css3">32px</p>
<p class="css4">1em(=親要素で指定されているの文字の大きさの「1倍」)</p>
<p class="css5">2em(=親要素の文字の大きさの「2倍」)</p>
<p class="css6">100%(=親要素の文字の大きさの「相対的な」大きさ)</p>
```

完成サンプル：3-04-1-8.html

10px

16px(これが一般的なフォントの大きさ)

32px

2em(=親要素の文字の大きさの「2倍」)

100%(=親要素の文字の大きさの「相対的な」大きさ)

9.字下げ (text-indent)

text-indent プロパティは、文章の1行目の字下げ幅を指定します。

HTML 3-04-1-9.html

```
<style>
    .css1{text-indent:16px;}
    .css2{text-indent:1em;}
</style>
```

字下げ

```
<p>通常は左端から表示されます</p>

<p class="css1">16px分、字下げされました。</p>

<p class="css2">1em(=文字の1倍)分、字下げされました。</p>
```

完成サンプル：3-04–1-9.html

通常は左端から表示されます

　16px分、字下げされました。

　1em(=文字の1倍)分、字下げされました。

10.引用 (quotes)

quotes プロパティは、引用の「q 要素」の引用符の種類と入れ子を指定します。

open-quote、close-quote で開始・終了の引用符の位置を指定し、quotes で、使用したい引用符をダブルクオート (" 〜 ") でくくって並べて書きます。もし、引用符にダブルクオートを使用したいときは、シングルクオート (' 〜 ') でダブルクオート (") を挟んで「quotes: "" "";」と書きます。

```
<style>
    q{quotes: " 「 " " " " 『 " " 』 ";}
    q:before{content: open-quote;}
    q:after{content: close-quote;}
</style>
```

引用

```
<p>友達が<q>先生が<q>Webサイトの制作は楽しい</q>と言ってた</q>と教えてくれた。</p>
```

完成サンプル：3-04–1-10.html

友達が「先生が『Webサイトの制作は楽しい』と言ってた」と教えてくれた。

❷ 枠線

次に、枠線の設定を行います。表示画面にコンテンツをまとめて枠線を付けると、見やすくなりますね。

1.border

border は、枠線の設定を一括して行います。

```
<style>
    p{border:1px solid gray;}
</style>
```

枠線の設定

p 要素に「1px」の太さの、「solid」の種類の、「gray」の色の枠線を設定しています。

完成サンプル：3-04–2-1.html

おはようございます

2. border-style

枠線の種類のみ別個に指定することもできます。

CSS 3-04-2-2.html

```
<style>
    p{ border:3px solid gray }
    p.solid{ border-style:solid; }
                    └─────────────────── 枠線の種類
</style>
```

p 要素に「3px」の太さの、「solid」の種類の、「gray」の色の枠線を設定しています。

> solid：実線、一重線
> dashed：破線
> dotted：点線
> double：二重線

完成サンプル：3-04-2-2.html

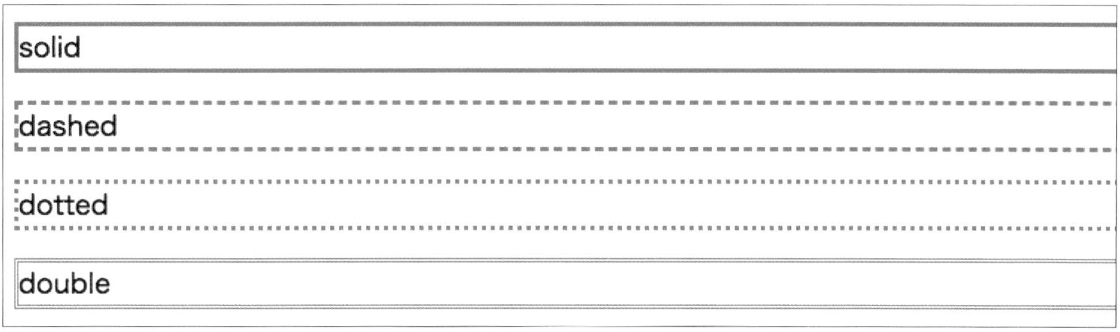

solid
dashed
dotted
double

3.border-width

枠線の太さのみ別個に指定することもできます。

CSS

```
p{border-width:5px;}
   └─────────────────── 枠線の太さ
```

ところで枠の辺は4つありますよね。辺ごとに太さを変えてみましょう。

📄 CSS 3-04-2-3.html

```
p{border-width:2px 10px 2px 10px;}
```

値は、上・右・下・左でも指定できます。

完成サンプル：3-04-2-3.html

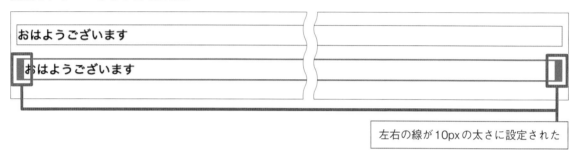

おはようございます

おはようございます

左右の線が10pxの太さに設定された

4.border-color

枠線の色のみ別個に指定することもできます。

📄 CSS 3-04-2-4-a.html

```
p{border-color:red;}
```
枠線の色

完成サンプル：3-04-2-4-a.html

サンプル1です

これも辺ごとに色を変えてみましょう。

📄 CSS 3-04-2-4-b.html

```
p{
    border-top-color:red;
    border-right-color:blue;
    border-bottom-color:green;
    border-left-color:yellow;
}
```

完成サンプル：3-04–2-4-b.html

サンプル1です	

もう少しかんたんに記述するならば下記のようになります。

```
p{border-color:red blue green yellow;}
```

完成サンプル：3-04–2-4-c.html

サンプル1です	

❸ 横幅・高さ（width,height）

　HTMLでコンテンツを入れる箱として解説した「ブロック型」の要素は、標準状態だと、縦はぺしゃんこ、横はいっぱいまで広がりました。このブロック型の要素の縦と横の幅を設定することができます。

　また、コンテンツの行の中の「インライン型」は基本的に縦横の幅は指定できませんが、img要素、input要素、select要素、textarea要素等は、縦横の幅を指定できます。これを特別に「インラインブロック型」と呼ぶことにしましょう。

　では、「ブロック型」「インラインブロック型」の横幅は次のように指定します。

1.コンテンツの横幅（width）

　コンテンツの横幅を指定するプロパティは「width」です。値は数字で、「300px」や「50%」と指定しています。

CSS 3-04-3-1.html

```
<style>
    h1{text-align:center;}
    p{
        color:skyblue;
        font-size:32px;
        font-family:serif;
        border:1px solid gray;
        width:500px;                                    横幅
    }
</style>
```

完成サンプル：3-04–3-1.html

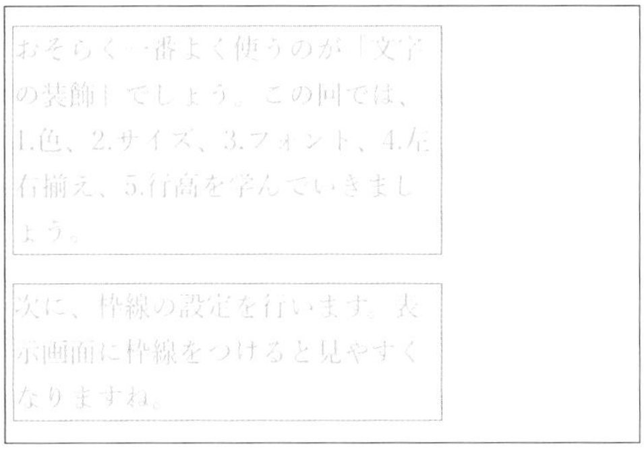

（枠内の手書き風テキスト）

おそらく一番よく使うのが「文字の装飾」でしょう。この回では、1.色、2.サイズ、3.フォント、4.左右揃え、5.行高を学んでいきましょう。

次に、枠線の設定を行います。表示画面に枠線をつけると見やすくなりますね。

値としてはそのほか、「50vw」というものがあります。これは「現在のウィンドウ幅の50%」という意味です。このままだとコンテンツの高さ分、枠線は下に伸びます。

2.コンテンツの高さ（height）

コンテンツの高さを指定するプロパティは「height」です。値は数字で、「300px」や「50%」と指定しています。

[CSS] 3-04-3-2.html

```
p{height:300px;}
```
高さ

完成サンプル：3-04–3-2.html

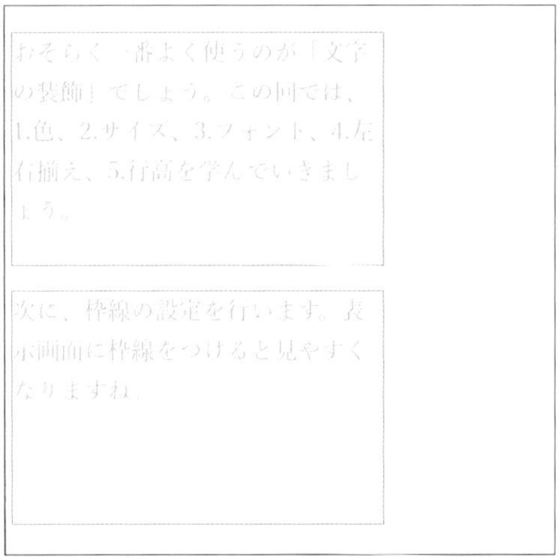

（枠内の手書き風テキスト）

おそらく一番使うのが「文字の装飾」でしょう。この回では、1.色、2.サイズ、3.フォント、4.左右揃え、5.行高を学んでいきましょう。

次に、枠線の設定を行います。表示画面に枠線をつけると見やすくなりますね

なお、コンテンツの量が、要素の大きさを超えた場合は、枠線をはみ出してしまいますので、注意してください。たとえば、p要素でしたら、はみ出さないようにあえてheightを指定しないほうがよいでしょう。

なお、はみ出した部分を非表示にしたければ、overflowプロパティで値を「hidden」にします。

```css
p{

    width:300px;

    height:300px;

    overflow:hidden;

}
```

3.最大·最小の指定（max-width、min-width、max-height、min-height）

width プロパティの代わりに、max-width、min-width、height プロパティの代わりに max-height、min-height を指定すると、固定長ではなく、最大·最小の幅と高さを指定することができます。サンプルで、ブラウザの上下左右を伸縮させてみてください。

 HTML 3-04-3-3.html

```html
<style>

    div{

        min-width:300px;

        max-width:600px;

        min-height:300px;

        max-height:600px;         最大·最小の指定

        border:1px solid gray;

    }

</style>


<div>ボックス１</div>
```

完成サンプル：3-04–3-3.html

❹ 余白

要素の上下左右の余白を指定することができます。

1.要素の外側の余白（margin）

margin

上下左右を一括して指定します。

📄 CSS 3-04–4-1-a.html

```
<style>
    p{
        border: 1px solid gray;
    }
    p{
        margin: 100px;                          外側の余白
    }
</style>
```

完成サンプル：3-04–4-1-a.html

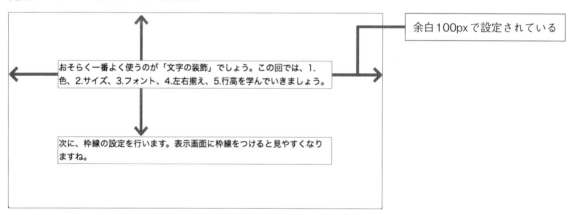

余白100pxで設定されている

おそらく一番よく使うのが「文字の装飾」でしょう。この回では、1.色、2.サイズ、3.フォント、4.左右揃え、5.行高を学んでいきましょう。

次に、枠線の設定を行います。表示画面に枠線をつけると見やすくなりますね。

上下左右を別々の値で指定する

📄 CSS 3-04–4-1-b.html

```
p{margin:100px 80px 60px 10px;}
```

4つの値は最初から、「上」「右」「下」「左」と、順番に指定していきます。

①また、値を2つに分けて指定することもできます。

CSS 3-04–4-1-c.html

```
p{margin:10px 100px;}
```

この場合は、最初の値は「上下」2つ目は「左右」の値を同時に指定しています。

②さらに、値を3つに分けて指定することもできます。

CSS 3-04–4-1-d.html

```
p{margin:10px 100px 10px;}
```

この場合は、最初の値は「上」2つ目は「左右」、3つ目は「下」の値を同時に指定しています。

③プロパティを個別に設定することもできます。

CSS 3-04–4-1-e.html

```
p{
    margin-top:10px;
    margin-right:10px;
    margin-bottom:10px;
    margin-left:100px;
}
```

④左右の値に「auto(自動調節)」を指定すると、要素の外側の余白が自動調節され、その要素はブラウザに対して真ん中に配置されます。こちらの完成データは、「3-04–4-1-f.html」です。

2. 要素の内側の余白（padding）

paddingプロパティは、表示コンテンツと枠線との間の余白を指定することができます。

padding

上下左右を一括して指定します。

`CSS` 3-04-4-2-a.html

```
<style>
  :
      p{padding:50px;}
</style>
```

内側の余白

内側の余白が設定されている

完成サンプル：3-04–4-2-a.html

枠線が大きくなりましたね。paddingプロパティは、枠線を外に押し広げます。

上下左右を別々の値で指定する

`CSS` 3-04–4-2-b.html

```
p{padding:50px 50px 50px 50px;}
```

4つの値は最初から、「上」「右」「下」「左」と、順番に指定していきます。

プロパティを個別に設定する

`CSS` 3-04-4-2-c.html

```
p{
    padding-top:50px;
    padding-right:50px;
    padding-bottom:50px;
    padding-left:50px;
}
```

❺ width、height、padding、border、marginの関係

width、height、padding、border、
margin の関係を示します。

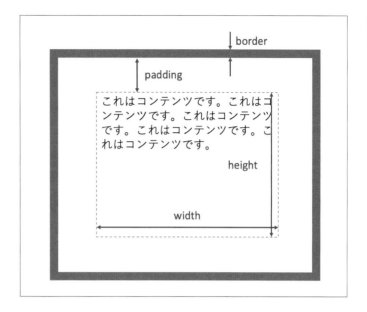

width、height は、コンテンツの横幅と縦幅を指定すると、枠線は padding で指定した分だけ外に押し出され
ます。その外に border があると枠線の太さだけさらに大きくなります。その border の外側と隣の要素、ブラウ
ザの端との間隔が margin になります。

この計算がしっかりできるかどうかで、Web ページのデザインが決まります。

❻ インライン型、インラインブロック型、ブロック型

HTML の要素は、インライン型、インライブロック型、ブロック型に分かれていますが、CSS で変更すること
も可能です。たとえば

CSS

```
p{display:block;}
```

と書けば、p 要素はブロック型ですし、

CSS

```
p{display:inline;}
```

と書けば、p 要素はインライン型にスタイルを変更することが可能です。
ただ、あまり多用すると、こんがらがりますので、必要最小限に留めたほうがよいでしょう。

display プロパティはそのほかにも、要素を表示したり非表示にしたりすることができます。

```
.css1{display: none;}
```

なお、非表示にはもうひとつ、visibility プロパティというのがあります。

```
.css2{visibility: hidden}
```

これらの違いは、たとえば、

HTML 3-04-6.html

```
<style>
    p{border:1px solid gray;}
    .css1{display: none;}
    .css2{visibility: hidden;}
</style>
    ⋮
<p>1行目</p>
<p class="css1">2行目</p>
<p>3行目</p>
<p class="css2">4行目</p>
<p>5行目</p>
```

とすると、「display: none;」も「visibility: hidden;」も非表示になりますが、「display: none;」はその要素の縦横の範囲もなくなり、「visibility: hidden;」は範囲が残るところです。

完成サンプル：3-04-6.html

❼ 背景

1. 背景色（background-color）

次に、要素の背景色です。

📄 CSS 3-04-7-1.html

```
<style>
    p{background-color:red;}
</style>
```
背景色

背景色を指定するプロパティは「background-color」です。色の値を指定します。

完成サンプル：3-04-7-1.html

背景色(background-color)

2.背景画像（background-image）

色のほか、背景画像を指定することもできます。

📄 HTML 3-04-7-2.html

```
<style>
    p{background-color:red;}
    div{
        background-image: url(animal.png);
        width:200px;
        height:200px;
    }
</style>
<p>背景色(background-color)</p>
<div>背景画像</div>
```
背景画像

完成サンプル：3-04-7-2.html

背景画像

3.背景の固定 （background-attachment）

　background-attachment プロパティは、ページがスクロールする時の背景を移動させるかの有無を指定します。scroll は伴って移動、fixed は固定です。通常は、コンテンツのスクロールとともに背景は移動しますが、たとえば以下のように body 要素に指定すると背景は固定されます。

HTML 3-04–7-3.html

```
<style>                               <body>
    p{margin:300px 0;}
    body{                                 <p>コンテンツが上下しても背景は固定です。</p>
        background-image: url(haikei1.png);   <p>コンテンツが上下しても背景は固定です。</p>
        background-attachment:fixed;          <p>コンテンツが上下しても背景は固定です。</p>
    }                                         <p>コンテンツが上下しても背景は固定です。</p>
</style>
                                      </body>
```

背景の固定

完成サンプル：3-04-7-3.html

4.背景の表示範囲 （background-clip）

　background-clip プロパティは、その要素に対する背景画像の表示範囲を指定します。というのも、要素には、枠線の太さ、内側余白、コンテンツの大きさがあり、それらのどこまで背景を表示するか決めておかなければならないからです。値が、border-box （border の外側境界までの表示）、padding-box （padding の内側）、content-box （コンテンツの範囲のみ）と３つあります。完成データは「3-04–7-4.html」です。

① border-box：boreder の外側境

完成サンプル：3-04-7-4.html

② padding-box：padding の外側の左上位置が範囲になります。

③ content-box：コンテンツの範囲の左上が範囲になります。

5.背景の基準位置（background-origin）

　background-origin プロパティは、その要素に対する背景画像の基準位置を指定します。background-clip と同様、要素には、枠線の太さ、内側余白、コンテンツの大きさがあり、それらのどこから背景を開始するか決めておかなければならないからです。値は、border-box（border の外側境界までの表示）、padding-box（padding の内側）、content-box（コンテンツの範囲のみ）と３つあります。

HTML 3-04-7-5.html

```
<style>
    div{
        background-image:url(animal1.png);
        width:200px;
        height:200px;
        border:50px dashed gray;
        margin:50px auto;
        padding:50px;
        border-style:dashed;
```

```
    margin:50px auto;

    padding:50px;

     }

    .css1{background-clip:border-box;}

    .css2{background-clip:padding-box;}

    .css3{background-clip:content-box;}

</style>


<div class="css1"></div>

<div class="css2"></div>

<div class="css3"></div>
```

完成サンプル：3-04-7-5.html

border-box：borderの外側左上境界
が基準位置になる

padding-box：paddingの外側の
左上位置が基準位置になる

content-box：コンテンツの範囲の左上が基準位
置になる、content-box（コンテンツの範囲のみ）

6.背景のサイズ（background-size）

background-size プロパティは、背景画像のサイズを指定します。幅と高さの値を px や％ で指定するか contains（縦横比はそのままで領域内に収まる最大サイズ。空白が出る可能性がある）または cover（縦横比はそのままで領域全体を隙間がないようにカバーする）を指定します。

CSS 3-04-7-6.html

```
<style>
    .css1{background-size:100%
100%;}
    .css2{background-size:50% 50%;}
    .css3{background-size:25% 25%;}
    .css4{background-size:cover;}
    .css5{background-size:contain;}
</style>
```

完成サンプル：3-04-7-6.html

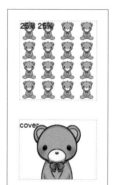

7.CSSスプライト

スマートフォンなど通信回線が悪い時に、画像を1枚1枚読み込むよりも、関係する画像をすべて含んだ1つのファイルを読み込みCSSで表示を調整したほうが効率がよくなることがあります。分割して表示する方法がCSSスプライトです。

background-positionプロパティは、背景画像の位置を示します。y方向を-100pxとすることで、その画像の100px下の部分を表示します。

HTML 3-04-7-7.html

```
<style>
    img{border:1px solid gray;}
    div{
        background-image:url("animals.png");
        width:100px;height:100px;
        border: 1px solid gray;
        margin:30px;
    }
    .css1{background-position:0px 0px;}
    .css2{background-position:0px -100px;}
    .css3{background-position:100px 0px;}
    .css4{background-position:100px -100px;}
</style>

<h2>元ファイル</h2>
<p><img src="animals.png" alt="動物たちの画像"></p>
<h2>clip</h2>
<div class="css1"></div>
<div class="css2"></div>
<div class="css3"></div>
<div class="css4"></div>
```

完成サンプル：3-04-7-6.html

元ファイル　　　　　　分割したもの

❽ 装飾線（text-decoration）

text-decoration プロパティは、テキストの装飾線を指定することができます。

CSS 3-04-8.html

```
<style>
    p.css1{text-decoration:underline;}
    p.css2{text-decoration:overline;}
    p.css3{text-decoration:line-through;}
    ⋮
</style>
```

線の種類

装飾線

完成サンプル：3-04-8.html

下線

上線

中線

1.線の種類と色を同時に指定する

CSS

```
p.css4{text-decoration:underline dotted gray;}
```

線の種類には、「solid」「double」「dashed」「dotted」「wavy」があります。

下線・ドット・灰色

2.組み合わせる

 CSS

```
p.css5{text-decoration:underline overline lime;}
```

組み合わせ

3.初期状態ではリンクには下線が付くが、デザインの都合でこれを消す

 CSS

```
a{text-decoration:none;}
```

「none」は無効という意味です。

example サイト ──── リンクの下線を消している

※リンク先のページが存在しないので、クリックするとエラーになります

⑨ 絶対位置（position）

　position プロパティは、要素の位置を指定することができます。たとえば、div 要素が３つ縦に上から並んでいます。２つ目の div 要素の中にある子要素を絶対値指定で配置します（このときの子要素の座標は、親要素の位置が基準になります）。

 HTML 3-04-9.html

```
<div id="parent">
    <div id="child1">子要素</div>
    <div id="child2">子要素</div>
</div>
```

子要素を親要素の上からいくつ、左からいくつという位置に配置してみましょう。

CSS

```
<style>
    div {
        border: 1px solid gray;
        width:300px;
        height:300px;
    }
    #parent{                                        ┤ 親要素は相対配置
        position:relative;
    }
    #child1 {                                       ┤ 子要素は絶対配置
        position: absolute;
        top: 80px;
        left: 80px;
        width: 100px;
        height: 100px;
    }
    #child2 {                                       ┤ 子要素は絶対配置
        position: absolute;
        top: 120px;
        left: 120px;
        width: 100px;
        height: 100px;
    }
</style>
```

完成サンプル：3-04-9.html

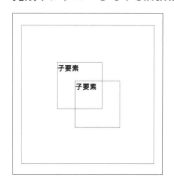

　positionプロパティの値の「absolute」は、要素を絶対的に配置することを意味します。「relative」は相対的に配置することを意味し、absouteの親要素に設定することで、親要素の左上を起点に配置することができます。

　とても便利に思えるのですが、Webページのサイズが変わったり、ほかの要素が追加されたりした際に、思わぬ結果になる可能性もあるので、使いすぎには注意しましょう。

❿ コンテンツのあふれ（overflow）

高さを指定してると、要素からコンテンツがあふれることがあります。そのときは、overflowプロパティを使います。まず、次のような、HTMLを考えます。

HTML 3-04-10.html

```
<style>
    div{
        width:200px;height:100px;
        margin:10px 0px 50px 10px; float:left;
        border:1px solid gray;float:left;
    }
⋮
</style>


⋮

    <div class="css1">
</div>
```

overflowプロパティは、要素からコンテンツがはみ出した時にどうするかを指定します。値は、hidden、visible、scroll、autoがあります。

1.hidden

はみ出したら非表示になります。

CSS

```
.css1{overflow:hidden;}
```

完成サンプル：3-04-10.html

overflowプロパティは、要素からコンテンツがはみ出した時にどうするかを指定します。値

はみ出した部分は隠れてしまう
スクロールもできない

2.visible

はみ出してもそのまま表示します。

```
.css2{overflow:visible;}
```

overflowプロパティは、要素からコンテンツがはみ出した時にどうするかを指定します。値は、hidden、visible、scroll、autoがあります。

囲みから出ても表示される

3.scroll

スクロールを表示します。

CSS

```
.css3{overflow:scroll;}
```

overflowプロパティは、要素からコンテンツがはみ出した時にどうするかを指定します。値

スクロールが表示される

4.auto

自動でコンテンツを配置します。

CSS

```
.css4{overflow:auto;}
```

overflowプロパティは、要素からコンテンツがはみ出した時にどうするかを指定します。値

⑪ マルチカラムレイアウト

要素の内側に列（＝カラム、段組）を指定します。

📄 **HTML** 3-04-11.html

```
<style>
    .col{
        width: 800px;
        columns:100px auto;
        column-rule: 3px dotted red;
        column-gap:80px;
    }
    h2 {
        background-color: #aaa;
    }
    .css2{
        column-span: all;
    }
</style>

    ⋮

<div class="col">
    <h2>sample A</h2>

    <p>lorem ipsum dolor sit amet, consectetur adipisicing
elit, sed do eiusmod tempor incididunt ut labore et dolore
magna aliqua. Ut enim ad minim veniam,quis nostrud exercitation
ullamco laboris nisi ut aliqu ip ex ea commodo consequat.
Duis aute irure dolor in re prehenderit in voluptate velit
esse cillum dolore eu fu giat nulla pariatur.</p>

    <h2>sample B</h2>
    <p>Excepteur sint occaecat cupidatat non pr oident,
sunt in culpa qui officia deserunt mollit anim id est
laborum.</p>
</div>
```

columns プロパティは、その要素の中のカラム（列）の幅とカラムの数を指定します。その場合、もう 1 つの値に auto（自動）を指定すると自動調節してくれます。 なお、column-width（= カラムの幅）、column-count（カラムの数）で、個別に指定することができます。

```
column-width:100px; ·
column-count: 4;
```

column-rule プロパティは、カラムの罫線の幅、罫線の形状、罫線の色を一括して設定することができます。なお、column-rule-width（= 罫線の幅）、column-rule-style（= 罫線の形状）、column-rule-color（= 罫線の色）を個別に指定することができます。

CSS

```
column-rule-width: 3px;
column-rule-style: dashed;
column-rule-color: pink;
```

column-gap プロパティはカラムの間隔を指定します。

CSS

```
column-gap:80px;
```

column-span プロパティは、列を横にまたがります。1 が初期値で、値が all だと全カラムをまたがって表示します。

CSS

```
column-span:all;
```

完成サンプル：3-04-11.html

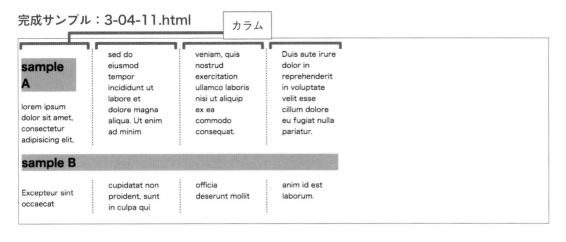

SampleB の見出しは、全カラムをまたがっています。

⓬ 可変ボックスレイアウト（flex）

可変ボックスレイアウトを使えば、要素を水平（row）・垂直（column）に配置することができます。

HTML 3-04-12.html

```
<style>
    #box1{
        display:flex;
        flex-direction:row      水平
    }
    #box2{
        display:flex;
        flex-direction:column      垂直
    }
    .css1{
        border:1px solid gray;
        width:100px;height:100px;      ボックスの設定
        line-height:100px;text-align:center;margin:2px;
    }
</style>

<div id="box1">
    <div class="css1">row1</div>
    <div class="css1">row2</div>
```

```
<div id="box1">

    <div class="css1">row1</div>

    <div class="css1">row2</div>

    <div class="css1">row3</div>

</div>


<div id="box2">

    <div class="css1">column1</div>
```

display:flex は、その要素を可変ボックスレイア
ウトにします。flex-direction プロパティは、並ぶ
向きを指定します。値の row は横、column は縦
です。

完成サンプル：3-04-12.html

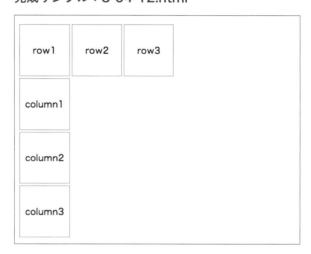

⑬ ボックスの重なりの順序（z-index）

position:absolute; を使うと、要素が重なり、html の上に書いた要素が奥になり、下に書いた要素が前に重な
ります。z-index プロパティでその順序を変えることができます。z-index プロパティは重なりの順序を変えます。
0 が基準値でプラスが前面です。

HTML 3-04–13.html

```
<style>

    #parent{

        width:300px;height:300px;

        border:1px solid gray;

    }
```

```
div{
    width:200px;height:200px;
    position:absolute;
    border:1px solid gray;
}
#box1{
    top:0;left:0;
    z-index:1;
    background-color:green;
}
#box2{
    top:50px;left:50px;
    z-index:0;
    background-color:yellow;
}
#box3{
    top:100px;left:100px;
    z-index:-1;
    background-color:red;
}
</style>

<div id="parent">
    <div id="box1">ボックス1</div>
    <div id="box2">ボックス2</div>
    <div id="box3">ボックス3</div>
</div>
```

順番に重なって
配置される

box1 が一番上に
設定される

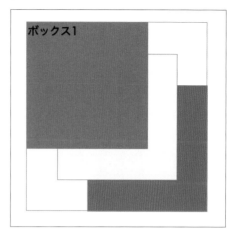

3

ページを装飾するCSS

リッチなCSS

ここからは、今までのWebページをさらに豊かにするCSSを紹介します。影やグラデーションなど見栄えがグッとよくなるでしょう。

❶ 角丸（border-radius）

　四角い写真を表示する際、角を丸くする必要があるとすると、画像加工ソフトを起動して編集する必要があります。ですが、border-radiusプロパティを使用すると、CSSだけで角を丸めてくれます。たとえば、

CSS 3-05-1.html

```
div.css1{
    border-radius:10px;                                           角丸
}
```

　とすると、img要素には、角を10px丸めることができます。radiusは、角の半径という意味です。これは画像以外のほかの要素にも応用できます。なおこの項目の完成データは「3-05–1.html」です。

完成サンプル：3-05-1.html

```
div.css2{
    border-radius:50%;
}
```

　たとえば、width,height の値が 300px ならば、border-radius の値を 150px としても間違いではないのですが、実はその直径は border-width の値が関係するので、150px よりも大きくなります。また、width、height の値が変わったときに border-radius の値をいちいち変更するのは大変ですので、ここでは%値で指定してみました。

1.四つ角を個別に丸める

```
div.css3{
    border-radius:200px 100px 50px 10px;
}
```

　border-radius の 4 つの値は、「左上」「右上」「右下」「左下」の半径となります。値が 2 つだと、「左上・右下」「右上・左下」、3 つだと「左上」「右上・左下」「右下」となります。

2.それぞれのプロパティで指定する

CSS

```
div.css4{
    border-top-left-radius:200px;
    border-top-right-radius:100px;
    border-bottom-right-radius:50px;
    border-bottom-left-radius:10px;
}
```

3.角の高さと幅を別々に指定する

CSS

```
.box{
    border-radius:10px 20px 30px 40px/50px 60px 70px 80px;
}
```

border-radius の値の前半 4 つが、「上」「右」「下」「左」の横の長さとなり、「/」の後の後半の 4 つが、「上」「右」「下」「左」の縦の長さとなります。

❷ 影（box-shadow、text-shadow）

要素に影を付けることができます。なお、この項目の完成データは「3-05–2.html」です。

1. 要素の影（box-shadow）

まず次のCSSを書いてみましょう。

完成サンプル：3-05-2.html

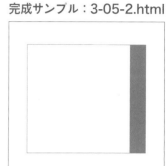

📄 **CSS** 3-05-2.html

```
div{
    box-shadow: 30px 0px 0px gray;
}
```

要素の影

最初の値だけ30px、残りの値は0px、そして最後の値はgrayです。最後の値は色だということはわかりますね。また影は右に伸びているので、最初の値（30px）は横方向の影のずれ具合だと想像できます。では、最初の値を-30pxにしてみたらどうでしょう。

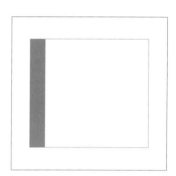

📄 **CSS**

```
div{
    box-shadow: -30px 0px 0px gray;
}
```

左に影が伸びました。最初の値は、横方向のずれ具合、プラスは右方向、マイナスは左方向だということがわかります。では、2つめの値を変えてみましょう。

📄 **CSS**

```
div{
    box-shadow: 0px 30px 0px gray;
}
```

下方向に伸びました。逆に2つめの値をマイナスにすると上向きにずれます。

では、右斜め下に影を付けみましょう。

```
div{
    box-shadow: 30px 30px 0px gray;
}
```

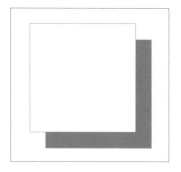

それでは、3つめの値を変えてみるとどうなるでしょう。

```
div{
    box-shadow: 30px 30px 30px gray;
}
```

　3つめの値は影のぼかし具合だということがわかります。ここでは解説しませんが、4つ目の値は影の拡大具合になります。値が3つの場合（横方向、縦方向、ぼかし具合）の影だと、元の要素の大きさと同じ影になります。しかし、4つめの値を追加すると、元の要素の大きさよりも影が大きくなります。一般に、影には外からの光が回り込みますので、元の要素より若干影を小さめにしたほうが、自然に見えます。参考にしてください。

2. 文字の影（text-shadow）

　次に要素の中のテキストに影をつけて浮き上がらせてみましょう。ここでは、見出しの要素の中のテキストに影を付けてみます。

```
h1{
    text-shadow:10px 0px 0px gray;
}
```

 文字の影

要素の中のテキストに影が付きました。右方向にずれていますね。box-shadow と同じく、最初の値は横方向のずれ具合と想像できます。逆に値をマイナスにすると左方向にずれます。

　では、2つめの値を変えてみましょう。

CSS

```
h1{
    text-shadow:0px 10px 0px gray;
}
```

　下向きに影が付きました。2つめの値は、縦方向のずれ具合となります。左右同様にマイナスの値にすると上方向にずれます。では、右斜め下に影を作って、3つ目の値を変えてみましょう。

CSS

```
h1{
    text-shadow:10px 10px 3px gray;
}
```

　3つめの値はぼかし具合です。皆さんも実際に変えてみてください。ぼかし具合を自由に変えることができます。では、最後に少しおもしろいものをご紹介します。

CSS

```
h1 {
    background-color: black;
    color:gray;
    text-shadow: -1px -1px 0px white;
}
```

　どうでしょうか。文字が浮き上がって見えて、格好よいです。また影の部分がテカリに見えます。text-shadow はこんなこともできます。

❸ グラデーション

CSS で、要素にグラデーションを付けることができます。

1. 線形グラデーション (linear-gradient)

background プロパティの値に、inear-gradient() を指定します。2 色のグラデーションは、このような CSS になります。

完成サンプル：3-05-3.html

CSS 3-05-3.html

```
h1{
    background:linear-gradient(white, gray);
}
```

線型グラデーション

丸括弧内に複数の色を追加することができます。

CSS

```
h1{
    background:linear-gradient(red, white, green);
}
```

グラデーションは、範囲を指定することができます。要素の最初を 0%、最後を 100% として、色の値の後ろに範囲の位置を指定することができます（% なので割合と思いがちですが、最初から最後までの位置になります）。

CSS

```
h1{
    background:linear-gradient(red 33%, white 33% 66%,
green 66%);
}
```

これは、最初から 33% の位置までは red、次の 33% から 66% の位置までは white、66% から最後の位置までは green ということになり、グラデーションの代わりに三色の背景色を描くことができます。

2. 円形のグラデーション

次に円形のグラデーションを紹介します。background プロパティの値に、radial-gradient() を指定します。

```
h1{
    background:radial-gradient(white, green);
}
```

円型グラデーション

円形のグラデーションも範囲を指定することができます。円形のグラデーションは、中心が開始点 (0%)、初期状態では、いちばん遠い角が終了点 (100%) になります。

```
h1{
    background:radial-gradient(white 30%, green 60%);
}
```

円形のグラデーションの中心を移動させることもできます。中心の位置を指定するには、radial-gradient() の中に、at と中心の位置を指定します。

```
h1{
    background:radial-gradient(at bottom, white 30%,
green 60%);
}
```

ユニークなCSS

最後に、とてもユニークなCSSを紹介しましょう。擬似クラスやアニメーション、さらには三次元の要素、画像加工などです。

❶ 擬似クラス

CSSのテンプレートを準備しましょう。ファイル名は3-06-1.htmlとしましょう。
たとえば以下のような要素があったとしましょう。

HTML 3-06-1.html

```html
<ul>
    <li>いぬ</li>
    <li>ねこ</li>
    <li>きりん</li>
    <li>ぞう</li>
    <li>パンダ</li>
    <li>ライオン</li>
    <li>ペンギン</li>
</ul>
```

最初の要素にスタイルを設定するには、classセレクタを取り付けて以下のようにします。

HTML

```html
<li class="css1"></li>
```

CSS

```html
<style>
    .css1{
        color:red;
    }
</style>
```

ですが、もし、最初の要素の前に「くま」を追加するとどうでしょう。いちいち開始タグ内のclass属性を書き換える必要があります。

　JavaScriptというプログラミング言語は、要素を増やしたり減らしたりできます。そんなときに役に立つのが、「擬似クラス」です。

1. :first-of-type

　まず、同一の要素が並んでいるとき、最初の要素を指定するには、「:first-of-type」を使います。

`CSS` 3-06-1-1.html

```
<style>
    li:first-of-type{
        color:red;
    }
</style>
```

　最初の（first）種類の（type）要素ですね。

完成サンプル：3-06-1-1.html

1行目のみ赤字になる

2. :last-of-type

では、最後の要素を指定するには、「:last-of-type」ですね。

CSS 3-06-1-2.html

```
<style>
    li:last-of-type{
        color:blue;
    }
</style>
```

最後の（last）種類の（type）要素ですね。

完成サンプル：3-06-1-2.html

3. :first-child、:last-child

:first-of-type、:last-of-type と似ているものに「:first-child,:last-child」があります。
同じような動作をするのですが、以下の場合「:last-child」は動作しません。
新たに CSS のテンプレートを準備しましょう。ファイル名は 3-06-1-3.html としましょう。

HTML 3-06-1-3.html

```
<style>
    dt:first-child{color:red;}
    dt:last-child{color:blue;}
</style>

<dl>
    <dt>項目1</dt><dd>値1</dd>
    <dt>項目2</dt><dd>値2</dd>
    <dt>項目3</dt><dd>値3</dd>
    <dt>項目4</dt><dd>値4</dd>
</dl>
```

完成サンプル：3-06-1-3.html

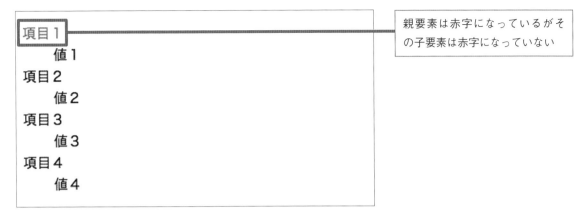

項目1
　　値1
項目2
　　値2
項目3
　　値3
項目4
　　値4

親要素は赤字になっているがその子要素は赤字になっていない

サンプルの <dl><dt><dd> では、同じ階層の最後の小要素は「dd」要素になるので、セレクタが「dt」では対象がなく反映されないので注意が必要です。

4. :nth-of-type(n)

最初、最後は指定できるようになりました。では、途中の「何番目」を指定するにはどうすればよいでしょう。練習ファイルは、先程のファイルの 3-06-1.html に戻ります。

CSS 3-06-1-4.html

```
<style>
    li:nth-of-type(2){
        color:green;
    }
</style>
```

「nth」はたとえば、4th や 5th など、「何番目」という意味です（n は「natural number」、自然数と考えましょう）。() 内に「2」と書くと、「2番目」の種類の要素になります。

完成サンプル：3-06-1-4.html

- いぬ
- ねこ
- きりん
- ぞう
- パンダ
- ライオン
- ペンギン

2番目の行が緑文字になる

5. :nth-of-type(2n)

では、() 内に「2n」と書くとどうなるでしょう。

⬚ **CSS** 3-06-1-5.html

```
<style>
    li:nth-of-type(2n){
        background-color:gray;
    }
</style>
```

「2n」は 2 の倍数という意味になります。3 の倍数、4 の倍数は「3n」「4n」になることは想像できます。

完成サンプル：3-06-1-5.html

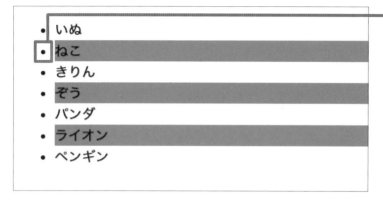

箇条書きの冒頭アイコンは背景にならないことに注意

6. :nth-of-type(2n+1)

では、() 内に「2n+1」と記述してみましょう。

⬚ **CSS** 3-06-1-6.html

```
<style>
    li:nth-of-type(2n+1){
        background-color:gray;
    }
</style>
```

1,3,5…番目にスタイルが設定されました。「2n+1」は2の倍数に1を加えた要素を示すのです。「2n+1」ができるなら、「2n-1」も可能です。2の倍数の±1は、奇数番目ですから表示結果は変わりませんが、たとえば「3n+1」「3n-1」などで表示結果を確認してみましょう。

完成サンプル 3-06-1-6.html

7. odd,even

「2n」「2n+1」では、視認性が悪いですね。次のようにしてみましょう。

CSS 3-06-1-7.html

```
<style>
    li:nth-of-type(odd) {
        background-color: pink;
    }
    li:nth-of-type(even) {
        background-color: skyblue;
    }
</style>
```

　「2n」の代わりに「even」を使います。「even」は偶数という意味です。
　奇数は「odd」です。

完成サンプル：3-06-1-7.html

　これで奇数・偶数番目の要素を指定していることが一目でわかるようになりました。

8. :only-of-type

:only-of-type は、その要素の中の指定した要素がただ 1 つだけの場合、適用します。

HTML 3-06-1-8.html

```
<style>
    ul li:only-of-type{color:red;}
</style>


<ul>
    <li>メニュー1</li>          2つの要素になっている
    <li>メニュー2</li>
</ul>
<ul>
    <li>メニュー3</li>          1つだけの要素になっている
</ul>
```

完成サンプル：3-06-1-8.html

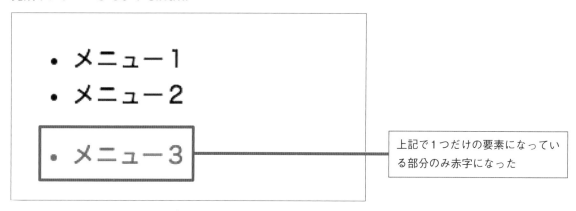

上記で1つだけの要素になっている部分のみ赤字になった

また、よく似たものに「:only-child」があります。以下の場合、サンプル A は動作しません。

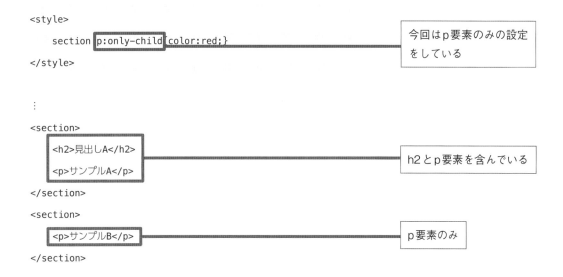

```
<style>
    section p:only-child{color:red;}
</style>
    ⋮
<section>
    <h2>見出しA</h2>
    <p>サンプルA</p>
</section>
<section>
    <p>サンプルB</p>
</section>
```

今回はp要素のみの設定をしている

h2とp要素を含んでいる

p要素のみ

完成サンプル：3-06-1-9.html

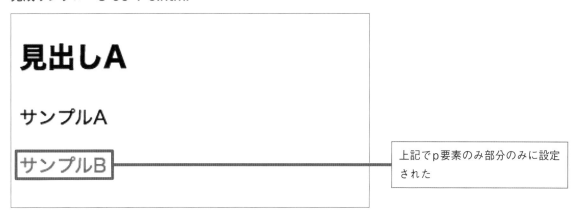

上記でp要素のみ部分のみに設定された

　これは、サンプルAのp要素は1つですが、h2要素も存在しているので、要素はひとつではないという判断になるからです。

次にリンクのデザインに使える擬似クラスです。

HTML 3-06-1-9.html

```
<style>
    a:link {color: red;}
    a:visited {color: green;}
</style>
```

```
<p><a href="https://www.natsume.co.jp/">ナツメ社</a></p>
```

完成サンプル：3-06-1-9.html

未訪問では赤色に、訪問済みでは青色になる

:link は未訪問、:visited は訪問済みのリンクのデザインを指定できます。この場合、未訪問だと初期値の赤色、訪問済みだと青色になります。

10. ユーザーアクション擬似クラス

ユーザーが要素を押したりマウスを載せたときに、デザインを変えることができます。

HTML 3-06-1-10.html

```
<style>
    .css2:focus{color:blue;}
    .css2:hover{color:red;}
    .css2:active{color:green;}
</style>
```

```
<button class="css1">マウスで押す</button>
<button class="css2">マウスで押す</button>
```

完成サンプル：3-06-1-10.html

右のボタンはマウスカーソルを乗せると赤になり、クリックすると緑になる

11. UI擬似クラス

UI 擬似クラスには、2種類あります。

まず、入力ボックスや、ボタンなどを有効にする enabled 属性、無効にする disable 属性があり、「:enable」「:disable」はそれらに CSS を指定します。

disable は、入力ボックスや、ボタンなどの要素を使用・不使用にする disable 属性に CSS を指定します。

HTML 3-06-1-11.html

```
<style>
    input:enabled{background-color:#fff;}
    input:disabled{background-color:#999;}
</style>
<p><input type="text" enabled></p>
<p><input type="text" disabled></p>
```

完成サンプル：3-06-1-11.html

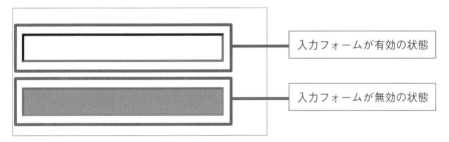

入力フォームが有効の状態

入力フォームが無効の状態

:disabled、:enabled はたとえばフォーム入力を無効・有効にしたいときに使用する disabled、enabled 属性のデザインを指定したい場合に使います。

:checked は、input 要素などでのチェック済みにする checked 属性に CSS を指定します。

HTML 3-06-1-11-b.html

```
<style>
    input:checked+label{background-color:red;}
</style>

<ul>
    <li><label><input type="radio" name="radios" value="typeA"><label for="typeA">タイプA</lab
le></li>
    <li><input type="radio" name="radios" value="typeB" id="typeB" checked><label for="typeB">タイ
プB</label></li>
</ul>
```

完成サンプル：3-06-1-11-b.html

チェックを入れるとデザインが変更される

:checked は、ラジオボタンやチェックボックスがチェックされている要素の checked 属性のデザインを指定したい時に使用します。

12. 否定擬似クラス

指定したクラス以外のクラスを指定することができます。

HTML 3-06-1-12.html

```
<style>
    p:not(.a){color:red;}
</style>

<p class="a">aクラスセレクタなので除外されます</p>
<p class="b">aクラスセレクタではないので適用されます</p>
```

---

12. 否定擬似クラス

aクラスセレクタなので除外されます

aクラスセレクタではないので適用されます

:not(セレクタ名) を使うと、そのセレクタ以外のセレクタにデザインを適応できます。

❷ 擬似要素

ここで、「擬似クラス」とよく似た「擬似要素」を紹介します。

1. ::before、::after

たとえば、HTML 文書内に以下の見出し（h2）があったとします。

`HTML` 3-06-2-1.html

```
<h2>見出し 1 </h2>
<p>文章</p>


<h2>見出し 2 </h2>
<p>文章</p>


<h2>見出し 3 </h2>
<p>文章</p>
```

見出しの先頭に絵文字「🍓（いちご）」を追加してみましょう。 そうすると、

```
<h2> 🍎 見出し 1 </h2>
```

と記述すればよさそうですが、すべての h2 に挿入していくのは大変です。そんなときに「擬似要素」を使うことができます。

CSS

```
h2::before{
    content:" 🍎 ";
}
```

「::」は擬似要素を、「before」は li 要素の内側の前の部分を、「content」は、中身を示します。「🍎」を li 要素内の「見出し 1」の前の部分に挿入しています。

前の部分に取り付けられるのでしたら、後ろにも取り付けられます。::before が最初でしたので ::after は最後ですね。最後に「🍎（りんご）」が挿入されます。

CSS

```
h2::after{
    content:" 🍎 ";
}
```

完成サンプル：3-06-2-1.html

🍎**見出し 1**🍎

文章

🍎**見出し 2**🍎

文章

🍎**見出し 3**🍎

文章

2. カウンター

::before と「counter」を使うと、リストに連番を取り付けることができます。リスト項目が増減しても番号を再割当てする必要がなくなります。

HTML 3-06-2-2.html

```html
<style>
    ol{list-style-type:none;}
    li{counter-increment:animalGroup;}
    li::before{content: "第" counter(animalGroup) "位 ";}
    .reset{counter-reset:animalGroup;}
</style>


<ol>
    <li>ネズミさんチーム</li>
    <li>ウシさんチーム</li>
    <li>トラさんチーム</li>
    <li>ウサギさんチーム</li>
    <li class="reset">コアラさんチーム</li>
    <li>カンガルーさんチーム</li>
</ol>
```

完成サンプル：3-06-2-2.html

第1位 ゾウさんチーム
第2位 ライオンさんチーム
第3位 キリンさんチーム
第4位 カバさんチーム
第1位 コアラさんチーム
第2位 カンガルーさんチーム

・counter-incriment プロパティは、カウンタ名を定義します。
・counter() でカウンタの表示する値を指定すると、カウントされます。
・counter-reset プロパティはカウンタのリセットです。「コアラさん」のところでリセットしているので、値は
　1から始まります。

3. ::first-letter、::first-line

たとえば、次のような p 要素があったとします。

HTML 3-06-2-3.html

```
<p>昔々、あるところに、おじいさんとおばあさんがいました。おじいさんは山へ芝刈りに、おばあさんは川へ洗濯に行きました。
</p>
```

最初の一文字にスタイルを設定できます。

CSS

```
<style>
  ⋮
    p::first-letter{
        color:gray;
        font-size:1.4em;
    }
  ⋮
</style>
```

最初の文字だけスタイルを変えることができます。
また、一行目にスタイルを設定することもできます。

CSS

```
    p::first-line{
        font-weight:bold;
    }
```

一行目だけが太字になります。

完成サンプル：3-06-2-3.html

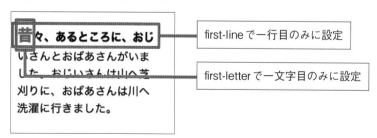

first-line で一行目のみに設定

first-letter で一文字目のみに設定

❸ アニメーション

CSS では、アニメーションが比較的かんたんに設置できます。CSS のアニメーションには「transition」と「animation」の 2 つのプロパティがあります。

1.transition

「trasition」は、「時間の変化」のプロパティです。マウスポインターが乗ったら、時間をかけて色が変わったり大きくなったりします。
たとえば、次の p 要素を考えましょう。

HTML 3-06-3-1.html

```
<p id="p1">こんにちは</p>
```

「こんにちは」の文字を、マウスポインターが乗ったら初期値の黒から 1 秒かけて赤色に変化させてみましょう。

CSS

```
<style>
    #p1:hover{
        color:red;
    }
</style>
```

これを実行すると確かに赤色に変わりますが、時間がかかっていません。そこで次の CSS を追加します。

CSS

```
#p1{transition:color 1s linear 0s;}
```

transition プロパティの値は最初から、

---

color：時間をかけて変化させたいプロパティ

1s：変化する時間(sは秒)変化のスタイル。たとえばlinearは等速。ease-in-outは最初と最後はゆっくり動く自然な速度。

0s：マウスポインターが乗ってアニメーションが始まるまでの時間。この場合、マウスポインターが乗って直ちに開始する。

次に、複数のプロパティを transition してみましょう。たとえば、文字の色と大きさを変えるには、

```css
#p1:hover{
    color:red;
    font-size:32px;
}
```

となりますが、これだと、文字の色しか変化しません。transition の部分を修正しましょう。

```css
#p1{
    transition:color 1s linear 0s;
    transition:font-size 1s linear 0s;
}
```

実はこれだと、文字の大きさのみ変化して、文字の色は変わりません。それは、1つのセレクタ内で、同じプロパティを2回記述すると、2回目のみが有効になるからです。この場合は、値を「,（カンマ）」で区切って記述します。

```css
#p1{
    transition:
    color 1s linear 0s,
    font-size 1s linear 0s;
}
```

これで、文字の色も大きさも時間をかけて変化しました。マウスポインターを乗せると、色と大きさが1秒かけて変化します。

完成サンプル：3-06-3-1.html

こんにちは	→	こんにちは

「こんにちは」にマウスポインターを乗せると色と大きさが変わった

ですが、CSS プロパティが増えると、いちいち「,」で区切って記述するのも面倒です。そこで、以下にしてみましょう。

CSS

```
#p1{transition:all 1s linear 0s;}
```

「all」は「すべてのプロパティ」に相当します。すべてのプロパティで 1 秒かけて、等速で、マウスが乗ったらすぐに変化してもらいたい時に利用できます。
　これで、皆さんの知っている CSS プロパティは、概ね transition できるでしょう。ただし、文字フォントやグラデーションは、2022 年 10 月現在では対応していないようです。

2.transform

　アニメーションというからには「移動」や「回転」、「伸縮」もさせたいですね。それらを可能にするのが「transform」、変形のプロパティです。
　たとえば、次の div 要素を例にしましょう。

HTML 3-06-3-2.html

```
<div id="div1"></div>
```

CSS

```
<style>
div{
  ⋮
    width:100px;
    height:100px;
    border:1px solid gray;
    margin:50px auto;
    background-image: url(animal1.png);
    background-size: 100% 100%;
  ⋮
}
</style>
```

rotate()

「rotate()」は、回転をする transform の値です。

```
div.css1{
    transform:rotate(30deg);
}
```

時計回りに 30 度（deg:degree。回転角（度））回転しました。

完成サンプル：3-06-3-2.html

scale()

「scale()」は、伸縮をする transform の値です。

CSS

```
div.css2{
    transform:scale(2,1);
}
```

() 内の値は、最初から、横方向、縦方向の倍率を表しています。

translate()

「translate()」は、移動をする transform の値です。

CSS

```
div.css3{
    transform:translate(100px,50px);
}
```

() 内の値は、最初から、横方向、縦方向の移動距離を表しています。

合成

たとえば、移動して回転させるなど、各変形を同時に行う場合は、次のようにします。

CSS

```css
div.css5{
    transform:translate(100px,50px) rotate(30deg);
}
```

半角空白で区切って変形の値を並べます。

これらも transition できますので、以下のソースコードを追加して試してみてください。

CSS

```css
div.css5{
    transition:transform 1s linear 0s;
}
```

3.animation（回転・移動・伸縮→カルーセル）

続いて、「animation」プロパティです。

transition と同じで、div 要素に「animation」を設定してみましょう。

CSS 3-06-3-3.html

```
div{
    animation:daihon1 3s linear 0s infinite normal;
}
```

animation プロパティの値は、

daihon1：アニメーションの名前（台本）です。命名は自由です。

3s：アニメーションを行う時間（周期）です。

linear：アニメーションのスタイルです。

   - linear は等速。

   - ease-in-out は最初と最後はゆっくり動く自然な速度です。

0s：Webページを開いてアニメーションが始まるまで時間(遅延)です。1sと記述すれば、1秒後にアニメーションが始まります。

infinite：アニメーションを繰り返す回数になります。

   - infinite は永遠。

   - 1や2にすると、その回数だけ繰り返して終了します。

normal：アニメーションの繰り返しのスタイルです。

   - normal は1回目と2回目は同じ方向に変化します。

   - alternate は、1回目に対し、2回目は巻き戻しになります。

では、次に台本 (daihon1) を設定します。回転させましょう。

```
@keyframes daihon{

    0%{transform:rotate(0deg);}

    100%{transform:rotate(360deg);}

}
```

「@」は、「アットマーク・ルール」という記述の方法です。注釈と覚えておくとよいでしょう。

「keyframes」は、アニメーションの主要(key)な場面(frame)・変化点としましょう。

「0%」は、アニメーションを始める時間(0秒)、「100%」は、アニメーションを終わる時間(3秒)です。

途中に「25%」「50%」「75%」など細かく分けることもできます。

これは、実際にファイルをブラウザで表示させて確認しましょう。

完成サンプル：3-06-3-3.html

伸縮

```
@keyframes daihon{

    0%{transform:scale(1,1);}

    50%{transform:scale(2,1);}

    100%{transform:scale(1,1);}

}
```

移動

```
@keyframes daihon{

    0%{transform:translate(-100px,-10px);}

    100%{transform:translate(100px,10px);

}
```

移動・回転・伸縮を合成

```
@keyframes daihon{

    0%{transform:translate(-100px,-10px) rotate(-180deg) scale(0);}

    50%{transform:translate(0px,-10px) rotate(0deg) scale(1);}

    100%{transform:translate(100px,10px) rotate(180deg) scale(0);}

}
```

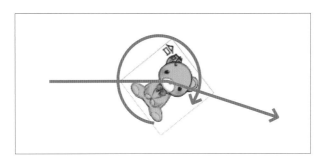

なお複数の要素を移動させる際のサンプルを以下に示します。なお opacity は半透明のプロパティです。複数の要素の位置は、position プロパティで絶対値（absolute）指定しています。

HTML 3-06-3-4.html

```html
<div id="parent">
    <div id="child1" class="child"></div>
    <div id="child2" class="child"></div>
    <div id="child3" class="child"></div>
</div>
```

CSS

```css
<style>
    #parent {
        position: relative;
        height:100px;
        width:600px;
        margin:50px auto;
        border:1px solid gray;
    }

    .child{
        width: 100px;
        height: 100px;
        background-color: #ccc;
        font-size: 90px;
        text-align: center;
        line-height: 100px;
        position: absolute;
        top: 0;
        left: 0;
        right: 0;
        bottom: 0;
        margin: auto;
        animation: daihon 3s linear 0s infinite normal;
```

```
    }

    @keyframes daihon {
        0% {
            transform: translate(-300px, 0px);
            opacity:0;
        }
        10%,90%{opacity: 1;}
        100% {
            transform: translate(300px, 0px);
            opacity: 0;
        }
    }
    #child1 {
        animation-delay: 0s;
        background-image: url(animal1.png);
    }
    #child2 {
        animation-delay: -1s;
        background-image: url(animal2.png);
    }
    #child3 {
        animation-delay: -2s;
        background-image: url(animal3.png);
    }
</style>
```

完成サンプル：3-06-3-4.html

animation-delay は、「遅延」です。

このサンプルのとおりに打ち込むと、最初、3つの div 要素は真ん中で重なっていますね。そこで、3つの要素の animation-delay の値をマイナスにしてみましょう（例：0s、-1s、-2s）そうすると、各要素は、0秒前、1秒前、2秒前の位置から始めるので、とてもスムーズに見えます。試してみてください。

> animation プロパティは、値ごとにプロパティを指定することができます。
>
> nanimation-name:アニメーションの名前(台本)です。
> nanimation-duration:アニメーションを行う時間（周期）です。
> nanimation-timing-function:アニメーションのスタイルです。
> nanimation-delay:Webページを開いてアニメーションが始まるまでの時間(遅延)です。
> nanimation-iteration-count:アニメーションを繰り返す回数になります。
> nanimation-direction:アニメーションの繰り返しのスタイルです。

5.animation-fill-mode

なお、アニメーションの回数を1、2回としたとき、もし、アニメーションの周期の前後もアニメーションの状態を保ちたいようなら、「animation-fill-mode」プロパティを使用してください。

```
animation-fill-mode:both;
```

both は、アニメションの前後両方ともいう意味です。前だけでしたら「forwards」、後ろだけでしたら「backwards」の値を設定してください。もしくは、以下のように animation プロパティの最後の値に both を書いても大丈夫です。

```
animation:daihon 3s linear 0s infinite normal both;
```

❹ 三次元

CSS は、三次元の要素を描画することができます。まず、HTML を用意します。ファイル名は「3-06-4.html」としましょう。

```
<style>
    div {
        width: 100px;
        height: 100px;
    }
    #parent {
        position: absolute;
        top: 0px;
        left: 0px;
        right: 0px;
        bottom: 0px;
        margin: auto;
        border: 1px solid gray;
    }
    #child1 {
        width: 98px;
        height: 98px;
        font-size: 90px;
        text-align: center;
        line-height: 100px;
        border: 1px solid red;
        background-image: url(animal1.png);
        background-size: contain;
    }
</style>


<div id="parent">
    <div id="child1"></div>
</div>
```

　三次元を実現するためにはまず親要素を準備し、その親要素に三次元の設定を行います。そうすると、その親要素の内側は三次元状態となり、子要素は三次元の表示が可能になります。

1.親要素に三次元の設定

CSS 3-06-4-2-a.html

```
#parent{
    transform-style:preserve-3d;
    perspective:300px;
}
```

「transform-style」が三次元の設定、「perspective」が奥行き・遠近感の設定になります。

2.子要素に三次元変形の設定

では、次に子要素を変形させてみましょう。

rotateY

縦軸を中心にして、回転させます。

CSS

```
#child1{
    transform:rotateY(30deg);
}
```

「rotateY」は、Y軸を中心に回転します。()内は、回転の角度です。そのほかに、rotateX（X軸を中心に回転）、rotateZ（Z軸を中心に回転）があります。

完成サンプル：3-06-4-2-a.html

scaleX

横軸に沿って、伸ばします。ここでは、Y軸で回転した状態で伸ばしてみましょう。

CSS 3-06-4-2-b.html

```
#child1{
    transform:rotateY(30deg) scaleX(2);
}
```

scaleXは、X軸に沿って伸縮します ()内は、倍率です。そのほか、scaleY（Y軸に沿って伸縮）、scaleZ（Z軸に沿って伸縮）があります。

完成サンプル：3-06-4-2-b.html

translateX

横軸に沿って、移動します。ここでも、Y軸で回転した状態で移動してみましょう。

CSS 3-06-4-2-c.html

```
#child1{
    transform:rotateY(30deg) translateX(100px);
}
```

translateX は、X 軸に沿って移動します 。() 内は、px です。そのほかに、translateY（Y 軸に沿って移動）、translateZ（Z 軸に沿って移動）があります。

完成サンプル：3-06-4-2-c.html

三次元のアニメーション

では、最後に、三次元のアニメーションのサンプルを示します。皆さんもぜひ楽しんでください。

CSS 3-06-4-2-d.html

```
#child1{
    animation:daihon1 3s linear 0s infinite normal both;
}


@keyframes daihon1{
    0%{
        transform:rotateY(0deg);
    }
    100%{
        transform:rotateY(360deg);
    }
}
```

完成サンプル：3-06-2-b.html

❺ 画像加工

CSS は画像を加工することができます。画像を加工には、「filter」プロパティを使用します。

📄 HTML 3-06-5.html

```
<div></div>
```

📄 CSS

```
<style>
    div {
        width: 200px;
        height: 200px;
        background-image: url(animal1.png);
        margin:50px;
        display:inline-block;
    }
</style>
```

完成サンプル：3-06-5.html

filter プロパティの値は、次のようなものがあります。div 要素にそれぞれ書き込んでみましょう。

明るさ

📄 CSS

```
filter: brightness(200%);
```

グレイスケール

📄 CSS

```
filter: grayscale(100%);
```

コントラスト

📄 CSS

```
filter: contrast(200%);
```

彩度

📄 CSS

```
filter: saturate(50%);
```

セピア

```
filter: sepia(100%);
```

色相回転

```
filter: hue-rotate(90deg);
```

階調反転

```
filter: invert(35%);
```

ぼかし

```
filter: blur(5px);
```

透明度

```
filter: opacity(30%);
```

影

```
filter: drop-shadow(10px 10px 10px gray);
```

　CSS は、要素のスタイルやページのデザインを設定するほかにも、アニメーションや３次元、画像の加工など
ができる、とてもユニークで楽しい技術です。ぜひ皆さんも手を動かしてコードを書き、いろいろと試してみてく
ださい。

Webデザインの
基本知識

Chapter4から6を担当する栗山浩一です。Chapter3まででWebの基礎的なことを学んだので、ここからは実際にWebサイトを制作するための手法について学んでいきましょう。

01 デザインの３要素

実際にWebサイトを制作するための手法について学んでいきましょう。
まずは、デザインの基本的な知識を学んでいきます。

❶ 平面デザインの３要素

　デザインはさまざまな分野で利用されています。皆さんの周りにも、衣装のデザイン、照明デザイン、インテリアデザインなど、挙げればきりがありません。Webデザインは、ポスターやカタログと同じ、平面デザインに分類することができます。２次元の世界で色や形や配置を工夫して、見る人に情報をわかりやすく伝えるという目的があります。その目的を達成するために、３つの要素があると言われています。

- **レイアウト**：要素の配置・大きさ・余白の設定
- **タイポグラフィ**：フォントや文字サイズなど文字に関する設定
- **カラーコーディネート**：配色方法

---

❷ Webデザイン固有の要素

　この平面デザインの３要素に加えて、Webデザイン固有の要素というものがあります。

- **ナビゲーションの重要性**
  - Webデザインには、ユーザーを次のページへ誘導するしくみが必要です。
  - わかりやすいナビゲーションとはどういったものでしょうか。

- **マルチスクリーン対応**
  - パソコン・スマートフォンなど多様なデバイスで見られます。
  - デバイスが異なるとデザインも異なることに注意が必要です。

　これらの要素を工夫して、わかりやすく伝えることがWebデザインなのです。

パソコンやスマートフォン、タブレットなど多様なデバイスに対応するマルチスクリーン

❸ デザインする前に決めておくこと

　Web サイトはその種類、コンセプトによって、必ずその対象となるユーザー層が存在します。また、その Web サイトをどのように使うのか、そのニーズは何なのかはユーザー層によって異なります。そのため、Web サイトを企画する段階で対象ユーザー（ターゲットユーザー）を絞り、ブレのない Web 制作をするようにします。

1. ペルソナ手法

　既存の顧客データやアンケート、調査データを元に典型的なユーザー像を仮定し、そのユーザーのプロフィール、行動、心理などを明確にすることで Web サイトの構築をしていきます。

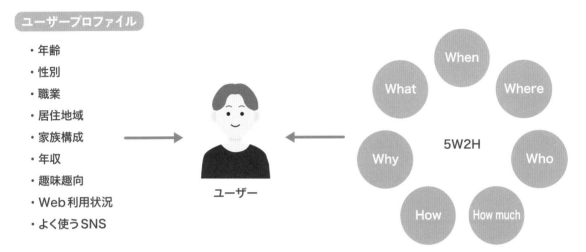

いつ、どこで、何を、どうやって…など、5W2Hを元に考えるとわかりやすい。2つの切り口からユーザー像をはっきりさせる

2. デザインコンセプトを定める

　ターゲットユーザーが確定すると、サイトの構成やデザインが楽に決められるようになります。逆にこれらがぼやけていると、さまざまな人の意見や感覚によってブレてしまい、よいサイトができないばかりか、何度も手直しが生じるなどの問題が発生してしまいます。

Chapter 4

02 レイアウトの種類

多様に見えるWebページのレイアウトも、分類分けをすれば数パターンに限られます。まずは基本のレイアウトパターンを見ていきましょう。

❶ 聖杯型レイアウト

現在の Web ページの標準的なレイアウトといえるでしょう。ヘッダー、コンテンツエリア、フッターという 3 つのエリアに分けられ、そのエリアの中にまた必要なパーツが入っています。

コンテンツエリアの左右に補足的な情報やナビゲーションを配置することもあります。ヘッダーとフッターはブラウザの幅いっぱい、コンテンツエリアは左右に余白を持たせている見た目から、聖杯をイメージできるのでこの名前が付いています。

利点

・コンテンツエリアの面積を大きく取れ、配置しやすい
・ヘッダー→コンテンツフッターと視線誘導設計がしやすい

欠点

・ヘッダー内にナビゲーションを配置する場合、メニュー項目が水平方向に並ぶので、ブラウザの表示サイズによってはナビゲーションエリアの一部が切れて見えなくなってしまう
・ナビゲーションの数を変更するには大きくレイアウトやデザインを変更する必要がある

ヘッダーとコンテンツを明確に分けられ、コンテンツエリアを広く取れるので、ビジュアルのインパクトを強調したいサイトに向いています。企業サイトやプロモーション用サイトなど最も多く採用されているレイアウトパターンといえます。

聖杯型レイアウトの例

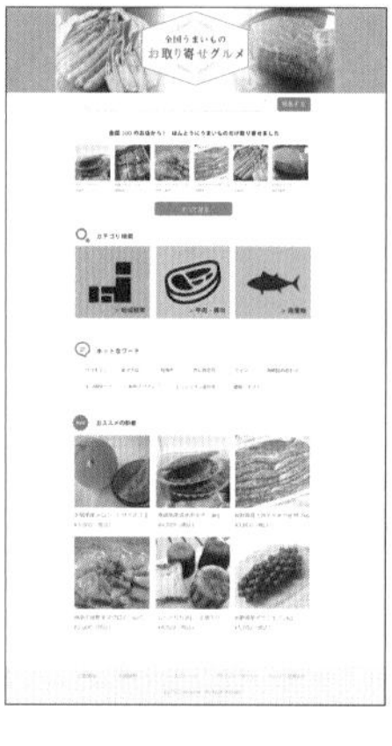

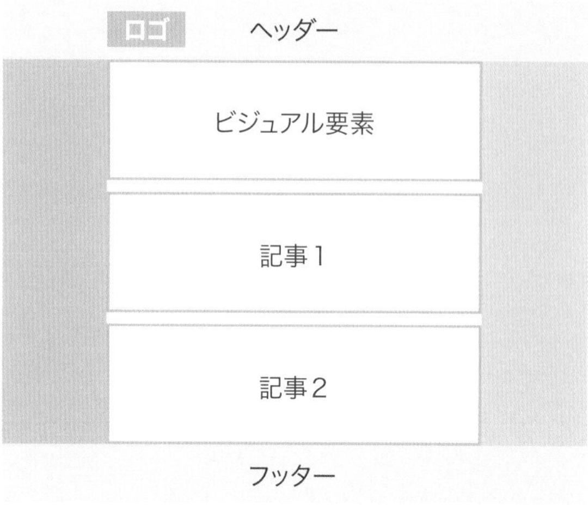

❷ masonry（メイソンリー）

　masonryとは、「石工職人」のことを言います。画像をブロックを積むように縦横に並べることから、この名前が付けられています。

　コンテンツエリアを最大限にとって、ビジュアル要素を前面に押し出すレイアウトです。ビジュアル要素を可変幅にして、ブラウザ幅いっぱいに表示する手法がとられています。

利点

・レイアウトは比較的シンプルになり、ビジュアル要素のインパクトを最大限にアピールすることができる

・画面いっぱいにビジュアル要素を配置することも可能なので、強い印象を与えることができる

欠点

・ビジュアル以外の情報が極端に少なくなるため、必要な情報がきちんと伝えられるかの検証が必要

　多くの情報や商品画像を並べて見せることができ、発信する情報が多いサイトに向いています。また、情報を追加しても、レイアウトの変更をする手間がかからないので、頻繁に情報が更新されるサイトにも向いています。

mansonryの例

❸ フルグラフィック

　とにかく画面目いっぱいに画像やムービーを見せるレイアウトです。イメージやムービーというビジュアル要素でなるべく多くの情報を伝えるために、それ以外の要素はなるべく配置しないようにします。

　したがって、ヘッダーやフッターも配置しない、もしくは配置したとしてもメインのイメージを邪魔しないように工夫されています。

利点

　・大きく画像やムービーを配置しているので、印象に残りやすい

欠点

　・文字やリンクの情報は配置しにくい
　・同じイメージやムービーを使い続けていると飽きられるおそれがある

　サイトの魅力をほとんどビジュアル要素のみで伝えたいタイプに適しています。ファッション系サイトのトップページやプロモーションサイトのトップページなどによく用いられます。

フルグラフィックの例

ロゴ

ビジュアル要素

タイポグラフィとは

タイポグラフィ（Typography）とは、文字のサイズや太さ、着色や変形などの加工によって、情報をわかりやすく伝えるための手法です。使用するフォントや文字サイズ、文字の装飾などの設定を適切に行います。

❶ フォントの基礎知識

「フォント」という言葉は聞いたことがあるでしょう。「書体」と訳す場合もありますので、文字の形がデザインされたものという考えでよいでしょう。フォントは、文書や Web ページなどで用いられる、あるデザインポリシーで作成された文字の集合体です。

パソコンには、その集合体が 1 つのフォントデータとしてインストールされています。文書のフォントを変えてみたら、ガラッと印象が変わることを体験したことのある人も多いと思います。

「フォントファミリー」という言葉も非常に重要ですので覚えておきましょう。

フォントには、同じデザインであっても、太さや幅の狭さが異なるバリエーションがあります。それらをまとめてフォントファミリーといいます。

Arial ファミリーのバリエーション

Arial Narrow
Arial Narrow Italic
Arial Narrow Bold
Arial Narrow Bold Italic
Arial Regular
Arial Italic
Arial Bold
Arial Bold Italic
Arial Black

游ゴシックファミリーのバリエーション

游ゴシック Light
游ゴシック Regular
游ゴシック Medium
游ゴシック Bold

たとえば、文章中のある文字を強調したかったら、文字が太いフォントを同じファミリーの中から適用します。このときに、文字が太いからといって異なるフォントファミリーの中から選ぶと、文字の形が不統一で違和感があります。

　この違和感が感じられるようになったら、デザイナーの初めの一歩を踏み出したと言えるでしょう。

フォント
・あるデザインポリシーで作成された文字の集合体
・コンピュータでは、一そろいの文字集合が1つのフォントデータとして提供されている

フォントファミリー
・同一フォントのバリエーションをまとめたもの
・バリエーションは、太さ（ウエイト）、文字幅、イタリックなどがありスタイルとも呼ばれる
・どのようなバリエーションがあるかはファミリーによって異なる

---

❷ フォントの分類

　フォントのデザイン上の特徴から、おおまかな系統に分類することができます。

1. セリフ系（Serif）

・線の両端に装飾（セリフ）のあるデザイン
・和文の明朝体はこの系統に分類できる
・「一般的なイメージ」繊細さ、格式高い、まじめ、古風、伝統的

セリフ系 主なフォント

Century
Georgia
Times New Roman
游明朝体
HG 明朝体

2. サンセリフ系 (Sans serif)

- セリフがなく、線幅が均一なデザイン
- 和文のゴシック体はこの系統に分類できる
- 「一般的なイメージ」力強い、モダン、機能的、カジュアル

サンセリフ系 主なフォント

Arial
Tahoma
Verdana
游ゴシック体
HG ゴシック体

3. スクリプト系 (Script)

- 筆やペンで書いたようなデザイン
- 和文の草書・行書体はこの系統に分類できる
- 「一般的なイメージ」ゴージャス、繊細、古風、優雅

スクリプト系 主なフォント

Gaboriola
Brush Script MT
Mistral
HG 行書体

4. 等幅フォント（Monospace）

・和文も欧文も同じ文字幅で配置される
・「一般的なイメージ」機能的、冷たい、無味

等幅フォント 主なフォント

Courier New
Dejavu Sans Mono

Arial
プロポーショナルフォント
Web Design

Courier New
等幅フォント
Web Design

　欧文は文字ごと文字幅が異なる「プロポーショナル」なフォントです。文字を並べたときに、文字の間隔が均等に見えるようにデザインがされています。これに対し等幅フォントは、文字の幅が同じにデザインされています。

❸ デバイスごとのフォント環境

みなさんが使っている PC には初めから何種類かのフォントがインストールされていますが、その内容は OS の種類とバージョン、インストールされているアプリケーションソフトによって変わっています。見る人ごとに表示環境は異なると考えたほうがよいので、すべてのユーザーに対して同じフォントで表示することは難しいと思ってください。

たとえば、Web ページのフォントが、Windows で見たら「メイリオ」で表示され、Macintosh で見たら「ヒラギノ角ゴ」で表示される可能性はおおいにあります。でも、この違いに気づく人はあまり多くないはずですし、気づいたとしても、文章を読むにはあまり問題とならないです。

しかし、たとえば Android には明朝系のフォントは入っていませんので、明朝体に指定された文字がゴシック体で表示されてしまいます。ページの雰囲気が意図したものと異なるおそれがあります。

OS	主な標準フォント
Windows	游ゴシック、游明朝、メイリオ、MS ゴシック、MS 明朝
Mac OS X　iOS	游ゴシック、游明朝、ヒラギノ角ゴ、ヒラギノ丸ゴ、ヒラギノ明朝
Android	Noto Sans CJK JP

❹ 異なる環境で同じフォントを表示する手法

とはいっても、なるべくなら同じフォントで表示したいですね。そのときには以下の手法で解決できます。

1. OS 搭載率の高いフォント（Webセーフフォント）を利用する

多くの環境でデフォルトでインストールされているフォントを用いれば、フォントが置き換わる可能性が少なくなります。

主な Web セーフフォント

Georgia
Times New Roman
Arial
Verdana
Courier New
Impact
游明朝体
游ゴシック体
メイリオ

2. Webフォントを利用する

Webフォントとは、インターネットを使って固有のフォントをダウンロードして表示するしくみのことです。Webフォントは、表示するデバイス内のフォントではなく、Webフォント提供者のサーバーにアクセスし、サーバー上のフォントデータを使って表示します。したがって、どのデバイスでも同じフォントが表示されます。Webフォント提供者によっては、個性的なデザインのフォントも用意されていますので、デザインの自由度がグンと増します。

しかし、デメリットも存在します。しくみとしてはWebフォント提供者のサーバーからフォントデータをダウンロードしますので、表示に時間がかかる可能性があります。

また、日本語のWebフォントにはすべての文字が入っているわけではないので、フォントによってはある特定の文字が表示されない可能性があります。地名・人名には要注意です。

余談ですが、英字は大文字小文字合わせて52文字しかありませんが、日本で用いるひらがな、カタカナ、漢字は数万字（多くのOSでは2万5000字程度サポートしています）なので、日本語フォントの作成労力はどれほどか想像もつきません。

Webフォントのしくみ

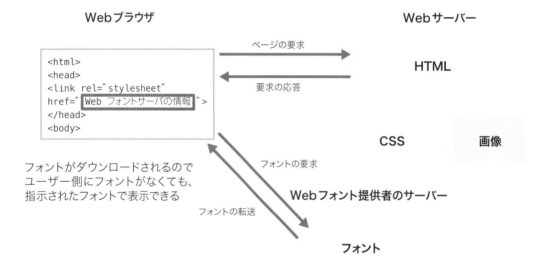

❺ Google Fontsを使ってみる

それではWebフォントの代表として、Google社が提供している「Google Fonts」の使い方を紹介します。真っ先に取り上げる理由は、無料で使いやすいこと、フォントの数が多いことで（2022年10月時点で約1500）、それらがすべて商用利用OKであることです。

❶Google Fonts（https://fonts.google.com）にアクセスします。

❷利用したいフォントを探します。

　フォントの数が膨大ですので、パラメータを変更して表示を絞り込みます。利用したいフォントがあれば、クリックしてください。

パラメータ名	説明
Categories	Serif・Sans Serif・Display・Handwriting・Monospace からフォントの種類を選ぶことができる
Languages	言語の種類、「Japanese」で日本語フォントを選ぶことができる
Number of styles	フォントファミリーのバリエーションの数で選ぶことができる
Thickness	文字の太さで選ぶことができる
Slant	文字の傾斜角で選ぶことができる
Width	文字の横幅サイズで選ぶことができる

※ Thickness、Slant、Width のパラメータは日本語フォントでは効きません

❸フォントのスタイルを選択します。スタイルの一覧から利用したいスタイルの「Select this style」をクリックします。

❹右欄の「Selected family」から「Download all」をクリックします。選択したフォントデータをzipで圧縮したファイルがダウンロードされます。

❺HTML／CSSにコードを貼り付けます。Webフォントを適用させたいHTMLファイルを編集します。右側の「Use on the Web」欄のLink要素の記述を、HTMLのhead要素内にリンク要素を貼り付けます。
CSS内でWebフォントを適用したいセレクタに、右側の「CSS rules to specify families」欄のCSSのコードを、貼り付けます。

　作成したページをWebブラウザで確認しましょう。このときに、インターネットと通信できる状態であることを確認してください。

補足

　Google Fonts ＋日本語 (https://googlefonts.github.io/japanese/) は Google が日本語フォントのみ提供しているサイトです。Google Fontsと少し手順は異なりますが（ダウンロードはできない）、高品質で個性的な日本語フォントが無償で提供されています。Web ページに個性を出したかったら、このサイトから Web フォントを選んでみてもよいかもしれません。

　ただし、ページ全体に日本語の Web フォントを適用すると、表示が遅くなるばかりで、利用効果が高まりません。タイトルや見出し文字などのアクセントとして利用するのが効果的です。

Google Fonts + 日本語

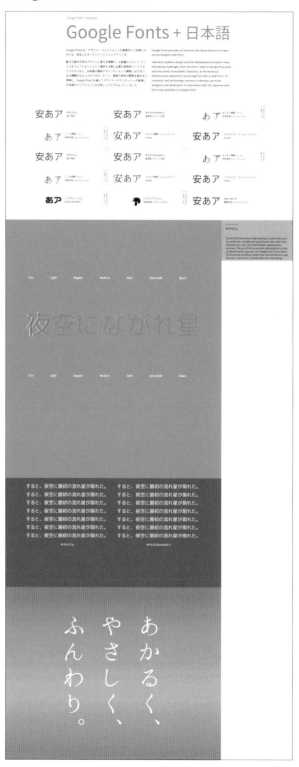

タイポグラフィの実践

タイポグラフィとは、フォントや文字の配置などを工夫することで、情報をわかりやすく伝えるための手法のことです。このセクションでは、タイポグラフィの実践テクニックを見ていきましょう。

❶ タイポグラフィの目的

タイポグラフィのポイントを絞ると2つ、「視認性」と「可読性」が挙げられます。

視認性とは、文字ひとつひとつを見やすく目立ちやすくすることを指し、具体的には、見出し文字を目立たせて、素早く情報を伝える効果があります。

可読性とは、単語や文章を読みやすくすることを指し、楽に読めることで、内容をわかりやすく伝える効果があります。

タイポグラフィの要素

タイポグラフィの要素は以下のものです。これらを適切にすることで、内容を素早くかつわかりやすく伝えることが目的です。言い換えれば、「文字のデザイン」となります。

- ・使用フォント
- ・文字サイズ
- ・文字の太さ（ウエイト）
- ・文字色と背景色
- ・文字の加工（斜体・長体・平体）
- ・字間
- ・行間
- ・さまざまな文字の装飾：縁取り、ドロップシャドウ、大きな変形

❷ 視認性を高める工夫

視認性とは、文字ひとつひとつが見やすく目立っているかを指し、とくに見出し文字は視認性を高める工夫を施します。

なぜ、とくに見出し文字が重要なのでしょうか。ページを閲覧する人は数秒でそのページが、役に立つか、面白いか、自分の知りたい情報が載っているかを判断するといわれています。ページに情報が載っていてもわかりやすく目立たせないと、見る人は気づいてくれません。一瞬でページの掲載情報が把握できるように、見出し文字の視認性を高める必要があります。

1. ジャンプ率：変化のメリハリの度合い

　見出し文と本文の文字サイズや太さなどをその重要性に合わせて変えることで、「どこに何が書いてある」のかがよりわかりやすくなります。

　ジャンプ率が高い・低いという表現がありますが、ジャンプ率が高いと変化の度合いが大きいことを意味し、逆にジャンプ率が低いと変化の度合いが少ないことを指します。見出しの視認性を高めるためには、ジャンプ率をある程度高める必要があるのですが、高すぎるとページの雰囲気を損なうことになります。サイトのターゲットや掲載内容によって適切なジャンプ率を設定しましょう。

文字のジャンプ率

ウールシャツ
保温性と吸湿性に優れて実用性が高い
ウール生地を使用したシャツのことで、保温性と吸湿性に優れた実用性、しっかりした上質な佇まいが特徴です。防寒着として優れていることから、秋冬に適した種類といえます。汚れやシワがつきにくいため、デイリーからアウトドアまで大活躍できるでしょう。

デニムシャツ
独特の風合いが人気
デニムシャツは、デニム生地（縦糸に染色糸・横糸に白糸を使用し、綾織で厚手に織られた生地）を用いたシャツのことです。デニムパンツと同様のしっかりした生地で、メンズ・レディース問わずカジュアルシャツとして人気です。着込んでいく過程でインディゴの色落ちを楽しめるのは、デニムシャツならではの魅力的です。

フランネルシャツ
略称"ネルシャツ"として親しまれている
フランネルシャツ、通称「ネルシャツ」は、チェック柄のカジュアルシャツです。チェック柄シャツ＝フランネルシャツと思われることもありますが、ウールやコットンを使用した起毛感のあるフランネル生地が由来となっており、無地のタイプもあります。見た目も着心地も暖かく、秋冬に定番人気の種類です。

ウールシャツ
保温性と吸湿性に優れて実用性が高い
ウール生地を使用したシャツのことで、保温性と吸湿性に優れた実用性、しっかりした上質な佇まいが特徴です。防寒着として優れていることから、秋冬に適した種類といえます。汚れやシワがつきにくいため、デイリーからアウトドアまで大活躍できるでしょう。

デニムシャツ
独特の風合いが人気
デニムシャツは、デニム生地（縦糸に染色糸・横糸に白糸を使用し、綾織で厚手に織られた生地）を用いたシャツのことです。デニムパンツと同様のしっかりした生地で、メンズ・レディース問わずカジュアルシャツとして人気です。着込んでいく過程でインディゴの色落ちを楽しめるのは、デニムシャツならではの魅力的です。

フランネルシャツ
略称"ネルシャツ"として親しまれている
フランネルシャツ、通称「ネルシャツ」は、チェック柄のカジュアルシャツです。チェック柄シャツ＝フランネルシャツと思われることもありますが、ウールやコットンを使用した起毛感のあるフランネル生地が由来となっており、無地のタイプもあります。見た目も着心地も暖かく、秋冬に定番人気の種類です。

ジャンプ率が低い
見出しが目立たない分、文章の検索性は悪いが、落ち着いて文章をじっくり先頭から読んでもらう効果がある。同一フォントのバリエーションをまとめたもの

ジャンプ率が高い
見出しの視認性が高いので、どこに何が書いてあるかわかりやすい。すべてを順番に読む必要がないときに有効

2. 配色による視認性

　見出し文字の視認性を高めるために、文字色と背景色の関係も重要な要素です。一般的に、高明度・高彩度の暖色は前に飛び出して見える効果があります。これらの性格を持つ色のことを進出色とも言います。対して、低明度・低彩度の寒色は後ろに引っ込んで見える効果があります。後退色とも言います。

　見出し文字の視認性を高めるには、背景に後退色、文字色に進出色を指定すると、最大限の効果が得られます。しかし重要なのは、色味だけでなく明度差です。背景に白、文字色に薄いピンクに設定すると背景と文字の明度差が少なくなって、視認性が低くなりますので、これらの配色は避けるべきです。

視認性の高い配色	視認性の低い配色
文字のデザイン	文字のデザイン
文字のデザイン	文字のデザイン
文字のデザイン	文字のデザイン
文字のデザイン	文字のデザイン

3. 見出しの視認性を高めるポイント

フォント	本文と同じファミリーでウエイトを太くする
文字サイズ	見出しレベルに応じて変化させる
文字色と背景色	しっかりと明度差を付ける
さまざまな文字の装飾や加工	有効な方法だがやり過ぎない程度に

ターゲットやサイトの目的を考慮して、視認性を高める工夫をしましょう。

見出しの視認性を高めた例

見出し文字の装飾	見出し文字の装飾
見出し文字の装飾	見出し文字の装飾
見出し文字の装飾	見出し文字の装飾

❸ 可読性を高める工夫

　可読性とは、文章として読みやすいかを指します。タイポグラフィの目的は、文章を読みやすくして、その内容を伝えやすくすることにあります。

1. 行長と行間

　可読性は、行長と行間のサイズが大きく関係します。行長とは、1行分の長さのことを指し、これは長すぎても短すぎても読みにくくなります。それは、ユーザーの視線移動に関係します。行長が短すぎると、行末から次の行頭への視線移動の回数が増えて、それが多すぎると内容が伝わりにくくなります。行長が長すぎると、行末から次の行頭への視線移動の距離が長くなり、行を目で追いかけにくくなります。

　適切な行長とは文章の内容やページの目的によって異なりますが、記事や説明文などじっくり読ませたい場合に1行30〜40文字程度が妥当といえます。見せたい場所だけ、ざっと読んでほしい場合は1行25〜30文字程度が妥当です。画像のキャプションなどもこれに当てはまります。

行長と視線移動

吾輩は猫である。名前はまだ無い。
どこで生れたかとんと見当がつかぬ。
何でも薄暗いじめじめした所で
ニャーニャー泣いていた事だけは記
憶している。吾輩はここで始めて人

> 行長が短すぎると、
> 行末から次の行頭への
> 視線移動の回数が増える。

吾輩は猫である。名前はまだ無い。どこで生れたかとんと見当がつかぬ。何でも薄暗いじめじめした所でニャーニャー泣いていた事だけは記憶している。吾輩はここで始めて人間というものを見た。しかもあとで聞くとそれは書生という人間中で一番獰悪どうあくな種族であったそうだ。この書生というのは時々我々を捕つかまえて煮にて食うという話である。しかしその当時は何という考もなかったから別段恐しいとも思わなかった。ただ

> 行長が長すぎると、
> 行末から次の行頭への
> 視線移動の距離が長くなる。

　行間とは、行と行の間のサイズを指し、このサイズも小さすぎても大きすぎても読みにくくなります。CSSで行間をしているする場合には、line-height プロパティを指定します。

　line-height にはさまざまな単位を利用することができますが、文字サイズの倍率で考慮するとわかりやすく、また文字サイズを変えたときにも自動的にサイズを調整してくれます。

行間のサイズは、行長によっても適切な値は異なります。行間 50%（line-height:1.5em）を基準として、行長が短いときは行間を小さめに、行長が長いときは行間を大きめに取ることを心がけてください。

　行長が短いと、折り返しの距離が小さいから、行間が小さくても可読性は損なわれる可能性は少なくなります。逆に行長が長い場合、文字をたどるときに行間が狭いと、ほかの行を誤ってたどる恐れがありますので、行間は大きめに取ります。

　下の図の中では、真ん中の例「width:30em、line-heigh:1.5em」のものが自然で読みやすいという印象を持ちます。これを目安としましょう。

　上の例「width:20em、line-heigh:1.2em」では、行が詰まりすぎて少しきゅうくつな印象を受けますが、数行で説明を加えるといった用途では問題ないと思います。

　一番下の例「width:40em、line-heigh:1.8em」では、行間が空きすぎている印象ですが、長い文章をじっくりと読ませたいときや、ページの印象を上品に保ちたいときには有効な方法です。

行長と行間

width:20em line-height:1.2em

> 「ディスプレイで文章を読むことの辛さ」を考えると、印刷媒体以上に文章デザインに対する気遣いが必要になる。読みにくさゆえに、ポイントを素早くつかませる必要性は高く、「文面」の工夫は欠かせない。冗長な記述をできる限り回避し、簡潔な文章作りを心がける必要もある。ポイントは、文字の大きさ、背景色と文字色のバランス、適切な区切りと見出し、行間の設定、文字間隔の設定、隣接するボックスとの余白設定などである。

width:30em line-height:1.5em

> 「ディスプレイで文章を読むことの辛さ」を考えると、印刷媒体以上に文章デザインに対する気遣いが必要になる。読みにくさゆえに、ポイントを素早くつかませる必要性は高く、「文面」の工夫は欠かせない。冗長な記述をできる限り回避し、簡潔な文章作りを心がける必要もある。ポイントは、文字の大きさ、背景色と文字色のバランス、適切な区切りと見出し、行間の設定、文字間隔の設定、隣接するボックスとの余白設定などである。

width:40em line-height:1.8em

> 「ディスプレイで文章を読むことの辛さ」を考えると、印刷媒体以上に文章デザインに対する気遣いが必要になる。読みにくさゆえに、ポイントを素早くつかませる必要性は高く、「文面」の工夫は欠かせない。冗長な記述をできる限り回避し、簡潔な文章作りを心がける必要もある。ポイントは、文字の大きさ、背景色と文字色のバランス、適切な区切りと見出し、行間の設定、文字間隔の設定、隣接するボックスとの余白設定などである。

05 カラーコーディネートの基本

一般的には、Webページはディスプレイで表示します。カラーコーディネートを検討する前に、ディスプレイではどのようなしくみで、表示されているかを見てみましょう。

❶ 発色のしくみ

　ディスプレイ上には、微小な画素（ピクセル）というものが縦横に並んでいます。何個並んでいるかを表しているものが「ディスプレイの解像度」という数字です。たとえば、1920 × 1080 ならば、横に 1980 個、縦に 1080 個ピクセルが配置されていて、ディスプレイには合計 213 万個ほどのピクセルが並んでいます。そして、その小さな画素からは、赤・緑・青の光が発せられていて、その光が混じることで人間の目にはさまざまな色として知覚していることになります。この赤、緑、青という色は「光の 3 原色」と呼び、この 3 色を混ぜ合わせてさまざまな色を作ることを、「加色混合（加法混色）」と呼びます。

　Chapter3 で、color プロパティでは、RGB の数字で色を表すことを説明したのですが、ディスプレイの発色のしくみに基づいていることを理解できたと思います。

加色混合

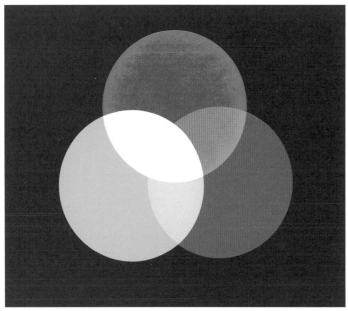

赤、緑、青の光の3原色は、組み合わせによってさまざまな色を作り出すことができます。

❷ 色相・彩度・明度による配色計画

カラーコーディネートを検討する際に、行き当たりばったりでを決めると、洗練された印象とは程遠いものになります。初めからきちんと計画を立てて、その計画通りに色を指定することを学んでいきましょう。

1. 色の3要素

色を指定するときには色の3要素に注目しましょう。

色相（**Hue**）：色味のこと
彩度（**Saturation**）：鮮やかさのこと
明度（**Brightness/Lightness**）：明るさのこと

2. 色相

「色相」とは、赤っぽい色、青っぽい色というように、色味を表します。色味を決めるときには、「色相環」という、色相をリング状に配置したものを意識して、色の組み合わせを検討します。

「近似色」とは、色相環上近い位置にある色どうしのことです。近似色を用いた配色ならば、比較的無難にまとめられ、落ち着いた安定感のあるコーディネートにすることができます。

「補色」とは、色相環で表すとほぼ180度（真向かい）に位置する色どうしのことです。補色を用いた配色は、かなり強い印象を与えることができますが、使い方を間違えると、幼稚で下品な印象を与えるおそれがあります。

色相環

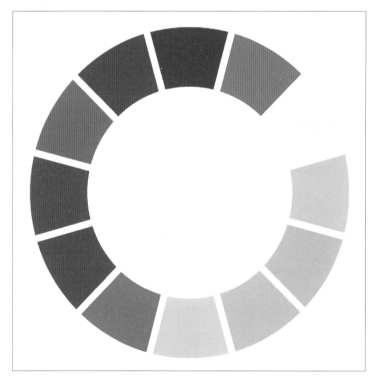

近似色

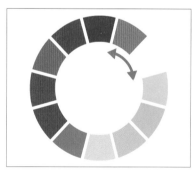

補色

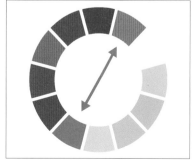

近似色

比較的無難にまとめられ、落ち着いた安定感のある配色にすることができます。

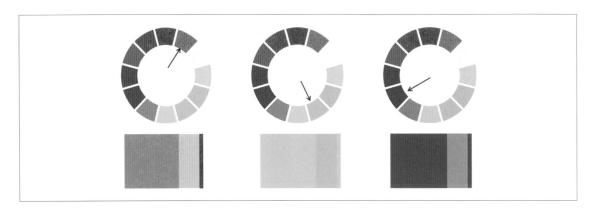

近似色＋補色

落ち着いた配色にアクセントをつけることができます。

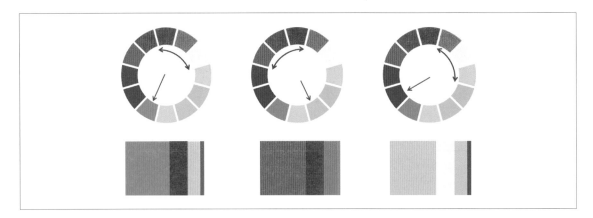

等差色相を用いたコーディネート

色相環を等間隔で分割して色を決める方法です。カラフルでにぎやかな印象を与えられます。

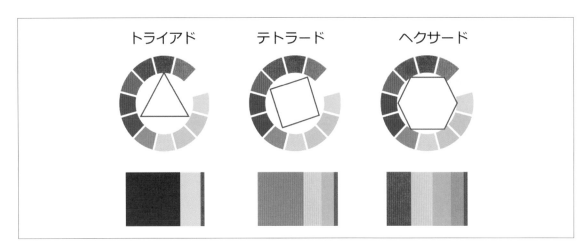

3. 彩度

「彩度」とは、色の鮮やかさのことです。鮮やかな色を彩度が高い、逆に色味が少ない色を彩度が低いといいます。彩度を 0 にすると、灰色の無彩色になります。

彩度

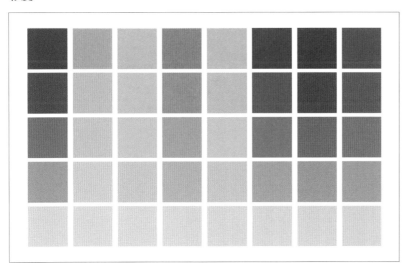

・**高彩度の配色**
　明るく派手、ポップな印象。それぞれの色が強いので、調和を取ることが難しいこともある。

・**低彩度の配色**
　冷静で落ち着いた印象で、色相を変えても調和がとりやすい。インパクトやにぎやかさはない。

・**彩度を変えた配色**
　低彩度の色と高彩度の色を合わせると、全体を調和させた中に、アクセントを置くことができる。

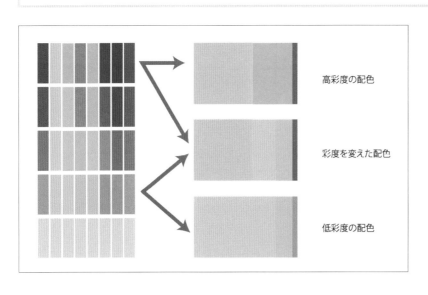

高彩度の配色

彩度を変えた配色

低彩度の配色

4. 明度

「明度」とは、色の明るさのことです。明るい色を明度が高い、逆に暗い色を明度が低いといいます。最も明度が高い色が白、最も明度が低い色が黒です。

明度

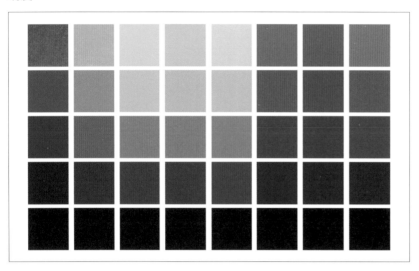

・**高明度の配色**
　軽快でにぎやかな印象。低彩度にすると白っぽくなるので、清潔感を演出できる。

・**低明度の配色**
　渋く重厚感があるので、高級感の演出もできる。和のテイストを演出するときにもよく用いられる。

・**明度を変えた配色**
　低明度の色と高明度の色を合わせると、全体を調和させやすく、アクセントを置くことができる。

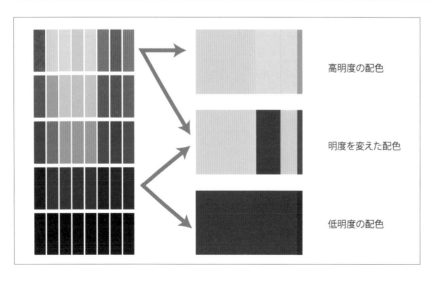

高明度の配色

明度を変えた配色

低明度の配色

❸ トーン

「トーン」とは、明度と彩度の組み合わせで、その組み合わせに対してイメージできることばをあてはめたものです。明度の低い色は重厚な感じを与え、また明度が高く彩度が低中度の色は軽やかな感じを与えます。

暖色系で彩度が高い色は強い主張をして視線を誘導しますが、落ち着きのない感じも与えます。したがって、見出し文字などには彩度の高い色を使うと強いイメージを与えることができます。

ソフトな感じは高明度で中彩度の色使いで得られ、逆に低明度な色の組み合わせでは重い硬質な感じが得られます。明度・彩度がともに高い暖色系の配色は、陽気で活動的な感じを与えます。寒色系で明度・彩度が低い配色は暗く落ち着いた印象を与えます。

トーン分布図

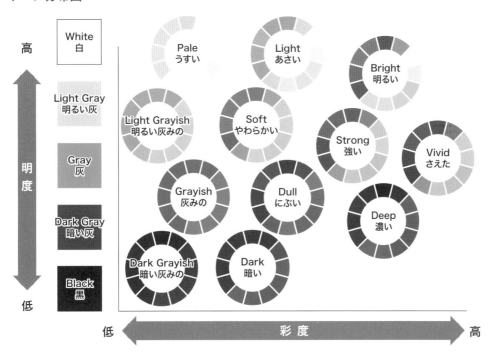

1. トーンによる演出効果

演出効果：フレッシュ／熟成

明度が高く彩度が低中度の色は新鮮な感じを与え、明度の低い色は歴史や熟成された感じを与えます。

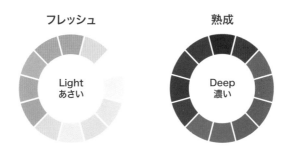

演出効果：ソフト／ハード

明度が高く彩度が低中度の色はソフトな感じを与え、低明度の色では重い硬質な感じが得られます。

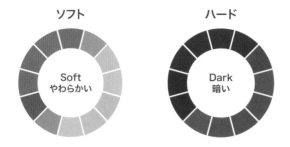

演出効果：動／静

明度・彩度がともに高い色は、陽気で活動的な感じを与え、明度・彩度が低い配色は暗く落ち着いた印象を与えます。

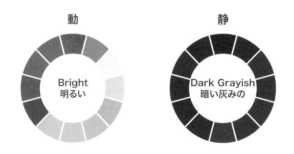

演出効果：主張／控え目

彩度が高い色は強い主張をして視線を誘導し、低彩度の色は控え目な印象を与えます。

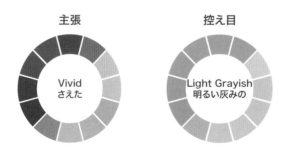

カラーコーディネートの実践

サイトの第一印象は、色で決まるといっても過言ではありません。食欲の沸く色、ワクワクする色、購買意欲の沸く色などその色を使うだけで、サイトの効果に直接影響する場合もあります。

❶ テーマカラーを決める

計画的にカラーコーディネートを実践するためには、まずメインとなる色（テーマカラー）を決めましょう。サイト全体のテイストを決定する大切な色ですので、デザインを進めていく中でブレないように事前に決めておきます。

1. コーポレートカラーから決める

企業には、CI（Corporate Identity）によるコーポレートカラーが定められている場合があります。とくにロゴに関しては、正確に決められた色を使用しなければいけません。テーマカラーをこのコーポレートカラーにするのがオーソドックスな手法です。

2. コンセプトカラーから決める

サイトの目的やターゲットユーザーの属性などを考慮し、サイトのコンセプトに基づいた色を選定します。一般的に、色によってこのような印象を与えます。

色	イメージ
赤	情熱的　活動的　晴れやか　暖かい　安っぽい　派手　元気のよい
オレンジ	親しみ　健康的　開放的　若々しい　フレッシュ　気軽
黄色	若々しい　陽気　明るい　楽しい　幼稚
緑	ナチュラル　新鮮　穏やか　すがすがしい
青	さわやか　清らか　清涼感　すっきり　クール　寒い　さびしい
紫	高貴　優雅　神秘的　厳粛　神聖　ゴージャス　落ち着いた　個性的
ピンク	女性的　ロマンチック　優しい　幸福　かわいい　エレガント
茶	落ち着いた　穏やか　古風　ナチュラル　丈夫　地味　素朴
黒	フォーマル　格調高い　洗練された　高級　不吉　重厚感
白	すっきり　クリア　清涼　上品　高貴　厳しい　すがすがしい　緊張

色の名前

色の名前は、鉱物・植物・動物などの特有の色を由来につけられたものが多く、昔から伝えられてきたものが多いです。その由来を知っておくと、色を選定するときに役立つかもしれません。

色の名前	系統	名の由来
シグナルレッド	さえた赤	交通信号の停止の赤
茜（あかね）色	濃い赤	茜草の根を煮沸した汁で染めた色。茜は藍とともに人類最古の植物染料
蘇枋（すおう）	にぶい紫みの赤	マメ科の樹の蘇枋を煎じて作る赤色染料で奈良時代から用いられている
トパーズ（小麦色）	にぶい黄みの黄赤	トパーズという鉱石の色。小麦の籾のような色で、日焼けした肌の色をいうこともある
マルーン	暗い茶	マロニエの実の色をいう
アンバー（朽葉色）	灰みの黄橙	天然土から作る顔料の色
焦げ茶（セピア）	暗い灰みの茶	イカの墨からとった着色料の色
カーキ	くすんだ赤みの黄	土ぼこりを表し、19世紀のイギリス陸軍や日露戦争時の日本の陸軍の制服の色として定められた
芥子色	濃い黄	芥子菜の種子を粉末にした香辛料の色
山吹色	明るい赤みの黄	バラ科の低木、山吹の花から由来。昔から小判などの金貨の別称
鬱金（うこん）色	つよい赤みの黄	鬱金はショウガ科の多年草で、その根茎を粉末にした染料の色
萌黄（もえぎ）色	つよい黄緑	葱の萌え出る色に似ていることから萌葱色、木の葉の萌え出る色から萌木色とも書く
苔色	にぶい黄緑	モスグリーンともいう。苔の色
若竹色	あさい青みの緑	ヒスイのような青みの緑の明るい色をいい、実際の若竹の色とは異なり青みが強く鮮やかな色
常盤（ときわ）色	濃い黄みの緑	エバーグリーンともいう。常盤木の色
ターコイズ	明るい青緑	トルコ石からきた色
浅葱色	明るい青緑	藍染の浅いところに見る色で、葱の色に似ていることから付けられた。ターコイズブルーともいう
新橋色	明るい縁みの青	明治から大正にかけて文明開化のころのハイカラな色として新橋花柳界に流行した色

❷ 理論的なカラーコーディネート

　「テーマカラー」は、サイトの雰囲気を演出するもので、とても重要な色です。お芝居で言ったら主役です。お芝居には脇役も敵役も必要なように、テーマカラーの効果を際立たせるほかの色が必要です。それらの色を決めて、ページに割り当てる作業がカラーコーディネートです。

　「サブカラー」とはテーマカラーの引き立て役で、テーマカラーと同じか近い色相で、明度・彩度が異なるものにすることが多いです。ページ全体が単調にならないように注意して選びましょう。

　「アクセントカラー」とはテーマカラーとは性格の異なる色で、画面を引き締める効果があります。

　それらの色がどのような面積を占めるかは、事前に検討する必要があります。広い面積で使用するとその色が強調されるので、テーマカラーは広い面積で、アクセントカラーはポイントを絞って利用します。目安として、テーマカラー 75%、サブカラー 18%、アクセントカラー 7% 程度と考えてください。

色面計画

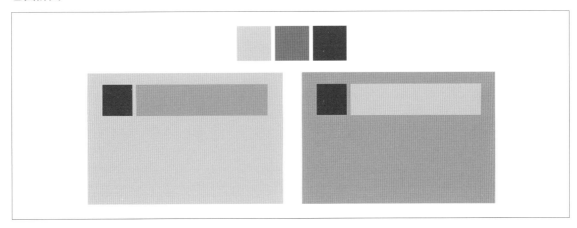

　ページの雰囲気を表すためにどのトーンの配色にするのかを考慮し、テーマカラー＋ 3、4 色を決定していきます。同じトーンの色を選ぶと、色の 3 属性のうち明度と彩度の 2 つが近い値を取るので、色の統一感が生まれるだけでなく、「やわらかい」「強い」など、そのトーンのイメージを伝えやすくなります。

1. 同一色相でトーンの違いで色を選ぶ

　テーマカラーの色相を変えずに、トーンによるバリエーションを加えます。無難にまとめることができて、テーマカラーの持つイメージを最大限に強調することができます。テーマカラーによっては、面白みや新鮮さに欠ける配色になるおそれもあります。

同一色相

2. 等差色相から色を選ぶ

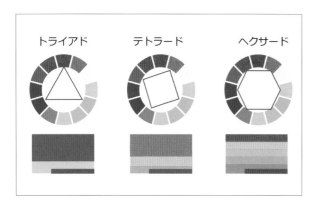

色相環を均等に3分割して、そこから色を選ぶ方法をトライアドといいます。色相環上の距離を等しくすることで、色どうしを秩序立てることができるため、まとまりやすくなります。4分割したらテトラード、5分割したらヘクサードといいます。トライアドと比べると、異なる色相の色が増えるためカラフルな配色になります。彩度の高い配色では、まとまりがなくなるおそれもあります。

3. 近似色相から色を選ぶ

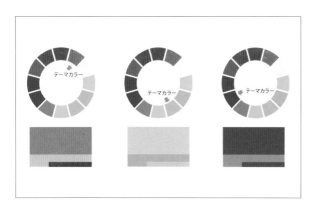

テーマカラーに近い色相の色を選ぶ方法で、最も基本的に採用されているルールです。比較的無難にまとめられ、無彩色と組み合わせると落ち着いた安定感のある配色にすることができます。

4. 近似色相に補色を加える

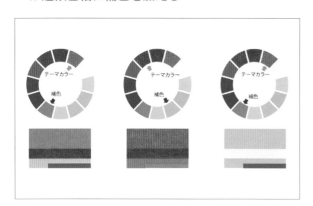

近似色相の配色に補色を加えることで、アクセントとなるカラーを追加します。近似色相だけの配色は無難ですが、メリハリに欠ける場合もありますので、補色によるアクセントを追加します。

さまざまな手法がありますが、その手法にこだわりすぎず参考程度にし、よりサイトのイメージに合うように微調整しましょう。

ユーザビリティ

Chapter 4
07

「ユーザビリティ」とは、ユーザーが Web サイト内で満足できる目標を達成するための、見やすさ、わかりやすさ、使いやすさなどを指します。

❶ ユーザビリティとは

現在、ブログ、SNS、クチコミサイトなどのユーザー参加型サイトが大きな人気を集め、さまざまな人々が Web に参加するようになりました。それらの人々の中には、Web やインターネットなどに関するリテラシーの低い人も数多く存在します。その人々が無数にある Web サイトの中から好みの Web サイトを選択するわけですから、わかりやすいサイト、使いやすいサイトの制作が非常に重要なテーマになります。

❷ ユーザビリティを意識したデザイン

1. わかりやすいテキスト

テキストの文書構造、適切な見出し、読みやすい段落、適度な箇条書きなど一目でそのページに何が書いてあるのかを把握できるようにテキストの見せ方を検討します。

わかりやすいテキストの比較

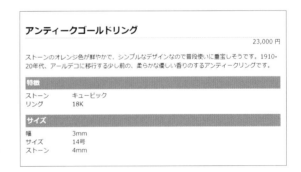

・適切な見出しと強調

・適度な段落設定

・ポイントは項目を分け箇条書き

4

Webデザインの基本知識

2. わかりやすいレイアウト

　ページ内で複数の要素が混在する場合は、セクションをしっかり分けて表現したり、ユーザーの目線を意識した構成にしたりします。また、背景色と文字色のコントラストを適切に設定することやアイコンによる視認性を高める工夫なども必要です。

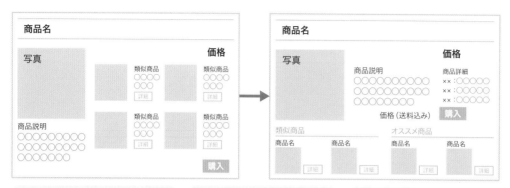

ページ内での役割を明確にする　　カテゴリーごとに区分けする　　購入ボタンの近くに価格・送料明記

3. わかりやすいナビゲーション

　別ページへの移動を的確にナビゲートするリンク要素は、わかりやすく見やすく設計します。

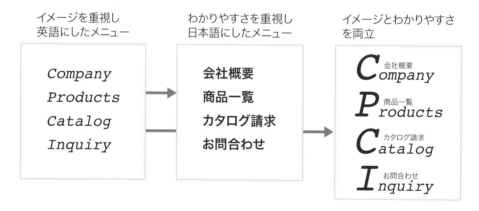

　見やすさや使いやすさは、ユーザーによって異なります。サイトのコンセプトやターゲットユーザーによって最適な状態を考えることが重要です。

・文字は読みやすいか（大きさ、色）
・入力画面にプライバシーポリシーを表示しているか
・ユーザーが効率的に目的達成できるか
・ページレイアウトが適切か（適切な余白設定、セクション）
・カテゴリ名は適切か（意味・内容が分かる、分類方法）
・サブカテゴリが表示、又は説明されているか
・必須コンテンツがいつでも利用可能か、優先されているか
・ユーザーが間違ったときすぐに戻れるか（システム）

実践！
Webサイト制作

Chapter1〜4で学んだことを実践してみましょう。本書では、カフェサイトと観光
サイトを実際に手を動かして作っていきます。

カフェサイトを作る

前Chapterまでに学んだ、HTML/CSSコーディングのテクニックとWebデザインの基本的な理論を使って、実際にWebサイトを作ってみましょう。まずは、架空のカフェのサイトを作ってみましょう

❶ コンセプトを考える

いきなりデザインを始める前に、「誰に向けて、何の情報を発信するか、その結果どうなってほしいのか」を考えましょう。サイト制作で重要なことは、クライアント（依頼主）あってのWebデザインであること。デザイナーの好みや感覚、個性を表現するのではなく、Webサイトをソリューションと捉え、その目的やターゲットユーザーに合わせたデザインをすることが重要です。

> **店名**：Coffe Everywhere

1. 特徴

- ・神保町のカフェ
- ・メイン通りからは少し離れた場所にあるので、目立ちにくい
- ・少々建物が古く小さい
- ・ランチ時は近隣のオフィスからの人でにぎわっているが、それ以外の時間帯の集客がないことが問題点
- ・和テイストのオリジナルスイーツの開発に力を入れており、それを集客の目玉としてアピールしていきたい

2. ターゲット

- ・10〜20代女性
- ・和の雰囲気がすき
- ・あんこなど和の食材を使ったスィーツが好き

3. デザインコンセプト

- ・和テイストに仕上げ、安心できる雰囲気つくり
- ・余白を活かしたレイアウトで落ち着きややすらぎを表現
- ・カラーコーディネートでやわらかさを表現！

| #31592F | #63A621 | #F2EFDF | #260A08 |

4. コーディングルールを決める（クラス・IDの利用）

　本格的な Web ページを制作するときに、ほとんどの人が迷うのはクラスや ID の使い方です。それぞれの特徴は Chapter3 で説明されていますが、いざ自分が使うとなると戸惑いますし、統一的なルールも存在しません。かといって、その場で適当に名前を付けると、あとから困ります。

　最低限のルールとヒントを説明します。

クラスと ID、どちらか迷ったら

　Chapter3 でクラスと ID それぞれの働きを説明しましたが、どちらを使うか迷ったら、初心者の人はまずクラスだけ使えれば OK です。慣れてくれば、ID も使えるようになりましょう。

どこの要素か区別できる名前を付ける

　HTML の要素は階層構造になっていて、必ずある要素は別の要素に中に入っています（これを親要素と子要素と呼びます）。名前の一部に親（祖先）要素を表す文字列を加えると階層構造がわかります。

働きや構造に名前を付ける

　その要素の中にどんなコンテンツが入っているのか、画像なのか文字なのか表なのかを区別する文字列を使うとわかりやすいでしょう。

　一方、スタイルを表す名前は避けてください。たとえば文字色を赤にする要素に対して、"red" という名前を付けてしまうと、その後に文字色の指定が変わったときに、名前とスタイルが合わなくなります。

複数の英単語は _ で区切る

　クラス名は必ず英単語を使って、冗長になるので日本語のローマ字表記は基本的に避けてください。その場合、単語間は _ を使うことが一般的です。絶対に NG なのはスペースを使うことです。スペースはクラス名では、複数のクラスの区切りとして利用しますので、スペースで単語を区切ると、異なるクラスと解釈されてしまいます。

悪いクラス名

```
<div class="content wrapper">
```

これでは、content とクラスと wrapper という複数のクラスが適用されることになります。

正しいクラス名

```
<div class="content_wrapper">
```

これで、content_wrapper というクラスが適用されることになります。

（例）クラス名の例

```
<header>
  <p class="haeder_logo_img"><img src="logo.png" alt="企業ロゴ"></p>          ヘッダー内のロゴ画像
  <nav class="header_navi">                                                ヘッダー内のナビゲーション
    <ul class="navi_items_wrapper">                                        ナビゲーション項目をまとめる
      <li><a href="#">HOME</a></li>
      <li><a href="#">ABOUT</a></li>
      <li><a href="#">ACCESS</a></li>
    </ul>
  </nav>
</header>
```

　クラス名の付け方にはさまざまな考え方があり議論百出のテーマなのですが、上記の例は、初心者の方が名前を考えるときの参考にしてください。

❷ ページの制作

　コンセプトの結果から、奇をてらわずに、オーソドックスな聖杯型が適しているようです。まずは完成した Web ページと HTML/CSS を見てみましょう。まずは完成した Web ページを確認してみましょう。なお HTML と CSS のコードについては、「5-01」フォルダ内の「index.html」と CSS フォルダ内の「top.css」から確認してください。

アクセス情報

住所	千代田区神保町1-1-1
アクセス	東京メトロ「神保町」駅 A4出口から徒歩4分 JR総武線「水道橋」駅 東口から徒歩10分
電話番号	03-XXXX-XXXX
営業時間	月〜金 10:00-20:00 土曜10:00-21:00 日祝祭日休

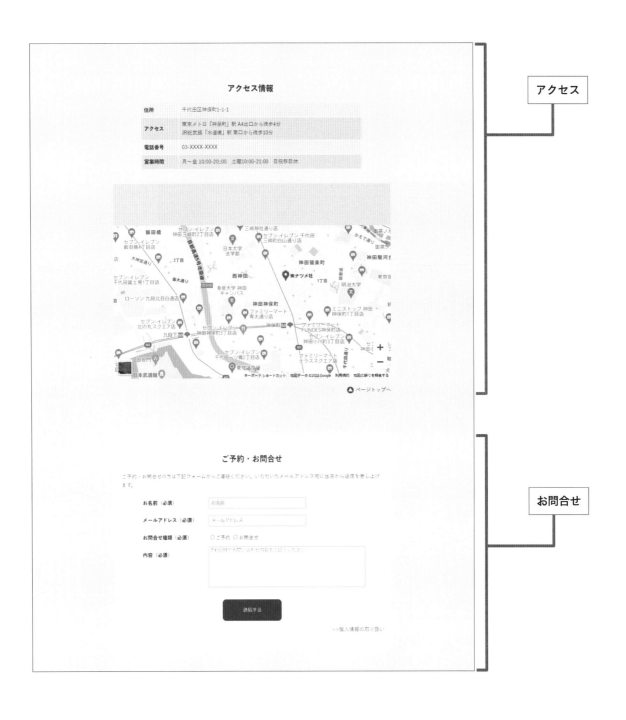

▲ ページトップへ

ご予約・お問合せ

ご予約・お問合せの方は下記フォームからご連絡ください。いただいたメールアドレス宛に当店から返信を差し上げます。

お名前（必須）	お名前
メールアドレス（必須）	メールアドレス
お問合せ種類（必須）	○ご予約 ○お問合せ
内容（必須）	

送信する

\>\>個人情報の取り扱い

それでは、部分ごとに解説していきます。「5-01」のファイルに入っている「index.html」と「top.css」を開いて、一緒に見てください。

1. ページ全体のスタイル

top.css（ページ全体のスタイル部分）

```css
body {
    margin:0;
    padding:0;
    font-size:0.9em;
    color:#333333;
    font-family: "游ゴシック", "Noto Sans JP", sans-serif;
    background-color: #f2f0dc;
}
```

ページ全体のフォントサイズや色、フォントの種類、背景色を設定

```css
ul, ol {
    list-style: none;
    padding:0;
}
```

行頭のマークや数字を表示しないよう設定

```css
a:hover {
    opacity: 0.6;
}
```

マウスカーソルを乗せたときに半透明にする

```css
.container {
    width: 1000px;
    margin:0 auto;
}
```

ページの幅を1000pxにし、水平方向中央に揃える

```css
.flex {
    display: flex;
    justify-content: space-between;
}
```

子要素を横並びにし、間隔を揃える

ページ全体に共通して設定するスタイルを記述しています。

body 要素のスタイルは、すべての要素のベースの設定となりますので、フォント関連の設定をまとめて書いたほうがよいでしょう。

このページで使っているリスト（ol、ul）は、頭のマークや数字を表示しない設定です。また、自動的に付けられる padding もやっかいですので、0 にしておきます。

今回のレイアウトでポイントとなるのは、ヘッダー、ナビゲーション、メインコンテントごとに背景色が異なり、ブラウザの幅いっぱいに色が適用されます。しかし、ブラウザの幅を広げすぎると、レイアウトが崩れるおそれがあるので、幅 1000 ピクセルの中に内容を入れて、左右中央揃えをしています。その働きをするものが <div class="container"> です。container というクラス名は頻繁に使われるもので、wrap と同じように表示コンテンツをくるむという意味です。

2. ページヘッダー

ここから始まるのがヘッダー部分です。

index.html（ヘッダーの部分）

```html
<header id="top">

    <div class="container flex">

        <div class="header_title_area">Cafe Everywhere</div>

        <div class="header_access_text">

            <p>お問合わせ・ご予約は<br>

            <span class="header_phone_num">03-XXXX-XXXX</span></p>

        </div>

    </div>

</header>
```

top.css（ヘッダーの部分）

```
header {
    background-color: #290e08;
    height: 60px;
}
.header_title_area {
    font-family: 'Teko', sans-serif;
    color:#ffffff;
    line-height: 60px;
    font-size:1.8rem;
}
.header_access_text {
    width: 180px;
    color:#ffffff;
    text-align: center;
    padding-top: 4px;
}
.header_access_text p {
    margin:0;
}
.header_phone_num {
    font-size: 1.85rem;
    font-family: 'Passion One', cursive;
}
```

header要素の背景色と高さの指定

ヘッダー部の文字に、Google Fonts'Teko'を適用し、文字色、行の高さ、文字サイズを指定行の高さとheader要素の高さを合わせることで、垂直中央に文字を配置できる

電話番号に文字サイズ、フォントを指定

Webページのヘッダーの部分

リアルな店舗のサイトでしたら、右上に連絡先が表記されていることが多いです。それは、店に連絡して実際に足を運んでもらうことがいちばん大切だからです。この手法は一般の企業や、EC サイトではあまり使いません。

サイト名（.header_title_area）や電話番号（.header_phone_num）を強調したいがために、Google Font を使っています。

213

index.html（メイン画像の部分）

```html
<div class="main_visual_area">

    <div class="images_wrapper">

        <img class="image_below" src="images/top1.png" alt="Cafe Everywhere">

        <img class="image_above" src="images/top2.png" alt="Cafe Everywhere">

    </div>

</div>
```

top.css（メイン画像の部分）

```css
.main_visual_area {

    text-align: center;

    background-color: #140704;

}
.images_wrapper {

    width: 1000px;

    height: 600px;

    position: relative;

    margin: 0 auto;

    padding: 0;

}
.image_below {

    z-index:0;

    width: 1000px;

    position: absolute;

    top:0;

    left:0;

    background-color: #140704;

}
.image_above {

    z-index:10;

    width: 1000px;

    position: absolute;

    top:0;
```

画像を配置する部分の
大きさと位置の指定

最初に表示される画像の設定
親要素「.images_wrapper」の左上端を基準
として、位置と大きさをそろえている

```
    left:0;
```

```
    opacity:0;

    transition: opacity 1.2s linear;
}
```

ページ表示時に、1.2秒かけて
フェードインする

```
.image_above:hover {
```

```
    opacity:1;

    transition: opacity 1.2s linear;
}
```

画像の上にマウスカーソルを乗せると、
1.2秒かけて画像が切り替わる

Webページのメイン画像の部分

　メインの画像は CSS アニメーションを使っています。紙面では確認できないので、ぜひ、サンプルデータをダウンロードして確認してください。1 枚の画像が時間経過とともに切り替わって表示するページは何度か見たことがあるでしょう。

　CSS アニメーションを使って切り替える効果はさまざまなバリエーションがありますが、今回は写真のフェードイン／アウトで切り替えるタイプのものを採用します。こういった効果をクロスフェードということがあります。

　ページ表示およびマウスを画像に乗せたら画像が切り替わるしくみです。

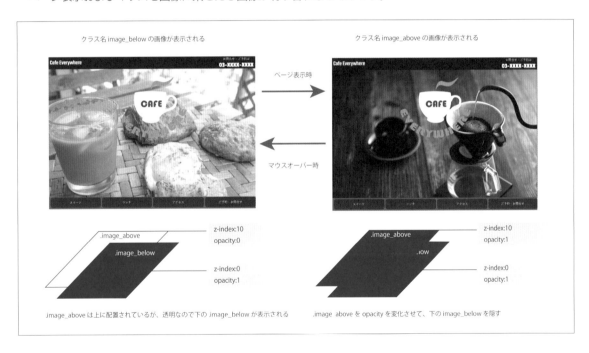

4. ナビゲーション要素の配置

index.html（ナビゲーションの部分）

```html
<nav class="global_navi">

    <ul class="navi_items_wrapper container">

        <li><a href="#">スイーツ</a></li>

        <li><a href="#">ランチ</a></li>

        <li><a href="#access">アクセス</a></li>

        <li><a href="#">ご予約・お問合わせ</a></li>

    </ul>

</nav>
```

top.css（ナビゲーションの部分）

```css
.global_navi {

    background-color: #346435;

    padding: 6px;

}

.navi_items_wrapper {

    display: flex;

    gap: 2px 6px;

}
```

子要素を横に並べて、間隔は
左右に6pxと設定

```css
.global_navi a {

    display: block;

    width: 246px;

    height: 48px;

    line-height: 48px;

    border-radius:10px;

    background-color: #1e320a;

    color: #ffffff;

    text-align: center;

    text-decoration: none;

}
```

a要素の大きさ、背景色、文字色、過度の丸目
などのスタイルを設定
大切なポイントは、a要素は、display:blockと
しないと、widthやheight指定が効かないこと

Webページのナビゲーションの部分

5. ページ内リンク

HTMLの「アクセス」のリンク先に注目してください。

index.html（ページ内リンクの部分）

```
<a href="#access">アクセス</a>
```

これはページ内リンクというしくみです。ページ内のリンク先要素にはあらかじめid属性でID名を付けておきます。リンク元には、a要素のhref属性値に # を付けたID名を値として指定します。

上の例は、「アクセス」をクリックすると、ページ内にaccessというID名が付けられている場所にジャンプして、表示をすることになります。

同一ページ内のリンクはどのようなときに有効でしょうか？　1ページに表示する文章量が多く1画面に収まりきらない場合、ユーザーはスクロールをしてページ全体を見ていくことになると思います。スクロール頻度が高いとユーザーのストレスになりますし、前後の関連性などもわかりづらくなります。そこで、なるべくスクロールなしに文書内をすばやく移動できるよう、クリック操作で見たい部分がかんたんに表示されるような設計を心がけます。

近年コンテンツ量が少ないサイトでは、1つのページに主なコンテンツを縦に並べて、ナビゲーションにはページ内リンクを設定することで、ページ内の該当の箇所を表示するようなしくみが多く用いられています。

6.コンテンツ

index.html（メインコンテンツの部分）

```
<main class="container">

    <section class="concept_area">

        <h1>Cafe Everywhereについて</h1>

        <p class="concept_area_text">当店は、「文化の町」神保町にあって、やすらぎとくつろぎを与えらられる場所
をご提供できることを目指しています。

            本屋巡りに疲れたら、当店自慢のオリジナル和スイーツで、ゆっくりされてはいかがですか？

            旬の素材を厳選して、すべてお店での手作りしてその場でご提供しています。ぜひ、お楽しみください。</p>

        <p class="about_virus"><a href="#">>>> 当店のウイルス対策について</a></p>

    </section>


    <section class="special_area">

        <h1>今月のスペシャル「和スィーツ」</h1>

        <div class="special_content_wrapper flex">
```

```
            <img src="images/sweets1.jpg" alt="今月の和スイーツ">

            <section class="special_area_text">

                <h2>宇治抹茶パフェ</h2>

                <p class="special_menu_price">1,200円</p>

                <p class="special_menu_description">宇治抹茶を通常の50%を増加し、抹茶のこく深い味わいを楽
しめるスイーツです。<br>

                黒蜜餡もお店でこしらえたオリジナルで、香ばしい中にもやさしい味わいを感じることができます。

                </p>

                <button class="to_sweets_link">他のスイーツはこちら</button>

            </section>

        </div>

        <p class="to_top_link"><a href="#top">ページトップへ</a></p>

    </section>


        <!-- アクセスの個所は後述します -->

    </main>
```

top.css（メインコンテンツの部分）

```
section h1 {

    font-size: 1.4rem;

    text-align: center;

}
```

各セクションの見出し文字の
スタイルをまとめて設定

```
.concept_area {

    margin: 80px 200px;

}

.concept_area_text {

    margin-top: 40px;

    line-height: 1.8;

    padding-bottom:20px;

    border-bottom:#346435 dashed 1px;

}
```

コンセプト部分の文字スタイル
行長が長いので、行間を空けるため
line-heightの数値を大きくしている

```
.about_virus {

    text-align: right;

}

.about_virus a {

    color: #346435;
```

```
    text-decoration: none;
}
.special_area {
    margin: 150px 100px;
    background: rgba(255,255,255,0.4) url('../images/special_bg.png') no-repeat;
    padding:40px;
}
.special_area h1 , .access_area h1{
    margin-bottom: 20px;
}
.special_content_wrapper {
    column-gap: 40px;
    margin-bottom: 60px;
}
.special_area h2 {
    font-size:1.2rem;
    border-bottom:#333333 solid 1px;
    margin-bottom: 4px;
}
.special_area_text {
    position:relative;
}
.special_menu_price {
    text-align: right;
    margin-top:4px;
    font-style: oblique;
    font-weight: bold;
}
.to_sweets_link {
    position:absolute;
    bottom:0;
    right:0;
    background:#1f6421 url('../images/to_link.svg') no-repeat right center;
    background-size: 20px;
    color: #ffffff;
    width: 240px;
```

スペシャルメニューの大きさ、
背景を設定

colmun-gap プロパティで、
左右の間隔を40pxと指定

セクションのh2見出し文字のスタイル設定
border-bottom で下線を引いたときに、文字と線
がくっつかないように,margin-bottom で調整

スペシャルメニューの価格のスタイルを設定
文字スタイルは、斜体と太字に設定

「他のスィーツはこちら」の位置は、.special_are
のa_text要素の右下端に設定

「他のスィーツはこちら」の行頭マークの
位置と大きさの指定

```
        line-height: 40px;

        border:none;

        border-radius: 20px;

    }

    .to_top_link {

        text-align: right;

    }

    .to_top_link a{

        background: url('../images/to_top1.svg') no-repeat left center;

        padding-left: 24px;

        text-decoration: none;

        color: #1e320a;

    }

    .special_area img {

        width:320px;

    }
```

「ページトップへ」の行頭
マークの位置指定

Webページのメインコンテンツの部分

background プロパティ

　Chapter3 で背景色を指定する background-color、背景画像を配置する background-image、グラデーションを作るための background を学びました。実は、これ以外も背景に関するプロパティが用意されています。

背景を設定する主なプロパティ

プロパティ名	働き	初期値	初期値の意味
background-color	背景色の指定	transparent	透明
background-image	背景画像の指定	none	画像なし
background-repeat	背景画像の繰り返し指定	repeat	背景画像は、ボックスいっぱいに縦横に繰り返される
background-position	背景画像の位置指定	left top	左上端
background-size	背景画像のサイズ指定	auto	画像の原寸
background-attach	スクロール時の背景移動	scroll	背景も一緒に移動

　これらのプロパティを1つ1つ個別に設定してもよいのですが、複数のものをまとめて設定できる、background プロパティがあります。値は設定したい値をスペースで区切って書きます。順序はなんでも構いません。background プロパティで一括指定する場合、省略した値は初期値になります。たとえば background-image は初期値が none になるため背景画像は表示されません。これを踏まえて、.special_area の CSS を注目してください。

```
background:  rgba(255,255,255,0.4)  url ( '../imeages/special_bg,png' )  no-repeat;
```
             `background-color`   `background-image`   `background-repeat`

もう1つ、背景画像を利用した部分があります。

```
.to_top_link a{
    background: url('../images/to_top1.svg') no-repeat left center;
    padding-left: 24px;
    text-decoration: none;
    color: #1e320a;
}
```

このセレクタは、「ページトップへ」の箇所を指していますが、この頭のマークを背景画像として設定しています。

backgroundで、繰り返しなし、領域の左端、上下センターの位置に背景画像を配置しています。そのままならば、背景画像と文字が重なってしまうので、padding-leftを使って文字だけずらします。padding-leftの値は背景画像の横幅サイズ＋余白として計算します。

backgroundで背景画像を配置する

▲ ページトップへ

padding-leftで文字の重なりを避ける

矢印やリストマークなどは、目立たせるとか見やすくするという働きはありますが、画像そのものには意味を持ちません。たとえば、矢印のマークが赤なのか青なのかは意味は変わりませんが、料理の写真がハンバーグなのかカレーなのかは大きく意味が変わることがあるでしょう。こういった、装飾や目印のための画像はHTMLのimg要素で配置するのでなく、背景画像として配置する手法が制作の現場では好んで使われています。

主な理由が2つあります。1つは、img要素を使わないことによってHTMLをシンプルにすることができます。もう1つは、CSSを使うことによって、位置や大きさをあとから微調整することができます。background-positionプロパティがありますので、背景画像の位置調整を細かくできます。文字と画像の大きさが不揃いならbackground-sizeプロパティで揃えることができます。

🖋 MEMO

backgroundプロパティは、空白で区切って順不同に値を列記すればよいのですが、background-positionとbackgrond-sizeはどちらも数値指定ができますので、値だけではプロパティを特定することはできません。そこで以下のルールが決められています。

・1つだけ値を書いているときにはbackground-positionプロパティと値とする
・background-sizeを指定したいときには、background-positionの後に / で区切って記述する

例

```css
css background:#ffffff url('test.png') no-repeat 4px center;
```

test.pngは1回だけ（繰り返しなし）で左4px、上下中央で配置される

```css
css background:#ffffff url('test.png') no-repeat 4px center / 40px 30px;
```

test.pngは1回だけ（繰り返しなし）で左4px、上下中央で配置され、サイズは幅40px高さ30pxとする

❸ アクセス情報の制作

来店を誘導する目的のサイトなら、店の連絡先や所在地がたいへん重要な情報です。あまり装飾を加えず、わかりやすく見やすい表示を心がけましょう。

1. アクセス

index.html（アクセス情報の部分）

```
<section class="access_area" id="access">
    <h1>アクセス情報</h1>
    <table border="1">
        <tr>
            <th>住所</th><td>千代田区神保町1-1-1</td>
        </tr>
        <tr>
            <th>アクセス</th><td>東京メトロ「神保町」駅 A4出口から徒歩4分<br>
            JR総武線「水道橋」駅 東口から徒歩10分</td>
        </tr>
        <tr>
            <th>電話番号</th><td>03-XXXX-XXXX</td>
        </tr>
        <tr>
            <th>営業時間</th><td>月～金 10:00-20;:00  土曜10:00-21:00  日祝祭日休</td>
        </tr>
    </table>
    <!-- ここにGoogleマップの地図が配置されます -->
    <p class="to_top_link"><a href="#top">ページトップへ</a></p>
</section>
```

top.css（アクセス情報の部分）

```
.access_area {
    margin: 40px 60px;                    ───── アクセス情報の大きさと行寄せの設定
    padding:40px;
    text-align: center;
}
```

```
.access_area table {

    border-collapse: collapse;

    width: 80%;

    margin: 0 auto 40px auto;

    text-align: left;

}

th, td {

    padding: 8px;

    border:solid 1px #ffffff;

}

tr:nth-of-type(even) th, tr:nth-of-type(even) td {

    background-color:#f2e2c2;

}

tr:nth-of-type(odd) th, tr:nth-of-type(odd) td {

    background-color:#ffefcf;

}
```

Google Maps を埋め込む

　Google Maps をページの任意の個所に埋め込むことができます。かんたんに地図を埋め込む方法と、Google Maps Platform という API を使って埋め込む方法と大別できますが、後者は手順が複雑で少々 JavaScript の知識が必要ですので、ここではかんたんに埋め込む方法を紹介します。

❶ Google Maps（https://www.google.co.jp/maps/?hl=ja）で場所や施設名で検索し、埋め込みたい地図を表示したら、左上の ≡（メニュー）をクリックします。

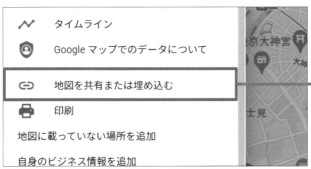

❷「地図を共有または埋め込む」をクリックします。

❸「地図を埋め込む」をクリックし▉、ダイアログボックスの右の「HTMLをコピー」をクリックして▉、Webページの配置したい場所にペーストします。ブラウザでページを表示して確認します。

❹ お問合わせフォームの制作

　フォームはユーザーが入力したデータをサーバーに送信することで、お問合わせや商品購入の受付、アンケート調査などを行うことができ、今やWebサイトになくてはならない機能といえます。

　しかしそういったしくみを作るためには、ユーザーから送信されたデータを受け取り処理するためのプログラムが必要ですし、なかったら開発する必要があります。本誌では、プログラム開発には触れずに、ユーザーが入力するための部品を作る説明だけしておきましょう。

1. お問合わせフォームのコーディング

index.html（お問い合わせの部分）

```html
<aside id="inquiry" class="inquiry_area">

    <h1>ご予約・お問合わせ</h1>

    <p>ご予約・お問合わせの方は下記フォームからご連絡ください。いただいたメールアドレス宛に当店から返信を差し上げます。</p>

    <form action="#" method="post" class="inquiry_form">

        <dl>

            <dt><label for="name">お名前<strong class="require">（必須）</strong></label></dt>

            <dd><input type="text" name="name" id="name" placeholder="お名前" required></dd>

            <dt><label for="email">メールアドレス<strong class="require">（必須）</strong></label></dt>

            <dd><input type="email" name="name" id="email" placeholder="メールアドレス" required></dd>

            <dt>お問合わせ種類<strong class="require">（必須）</strong></dt>

            <dd><label><input type="radio" name="quiry_kind" value="reservation">ご予約</label>

                <label><input type="radio" name="quiry_kind" value="general">お問合わせ</label>

            </dd>

            <dt><label for="content">内容<strong class="require">（必須）</strong></label></dt>
```

```
        <dd><textarea placeholder="予約日時やお問い合わせ内容をご記入ください" rows="8"></textarea></
dd>

      </dl>

      <p class="form_btn_area"><input type="submit" class="form_submit_btn" value="送信する"></p>

    </form>

    <p class="to_privacy"><a href="#">>>>個人情報の取り扱い</a></p>

  </aside>
```

top.css（お問い合わせの部分）

```
aside h1 {
```
```
    font-size: 1.4rem;

    text-align: center;
```
お問合わせの見出し文字のスタイル
```
}

.inquiry_area {
```
```
    width:760px

    margin: 60px auto;

    padding:30px 20px;

    background-color: #ffffff;

    border-radius: 20px;
```
お問合わせの大きさ、背景色、角丸の指定
```
}

.inquiry_form {

    width:640px;

    margin:0 auto;

}

.inquiry_form dt{

    font-weight: bold;

    line-height: 3rem;

}

.inquiry_form dd {
```
```
    margin-top: -3rem;

    line-height: 3rem;

    margin-left: 12rem;
```
dd要素を1行分上げて、dt要素の横
に並べる設定
「お問い合わせフォームのスタイル」
（P.237）を参照
```
}

input[type="text"], input[type="email"] {
```
```
    width: 60%;

    padding: 6px;
```
「名前」と「メールアドレス」入力欄
の大きさの設定

```
    }
    textarea {
        width: 100%;
    }
    .form_btn_area {
        text-align: center;
    }
    .form_submit_btn {
        background: #225588;
        color: #ffffff;
        border-radius: 10px;
        padding:20px 60px;
        border:none;
    }
    .form_submit_btn:hover {
        opacity:0.6;
    }
    .to_privacy {
        text-align: right;
    }
    .to_privacy a {
        text-decoration: none;
        color:#333333;
    }
```

「送信」ボタンのスタイル設定

Webページのお問い合わせの部分

用語の解説をしておきましょう。フォーム内に入力や選択できるボタンを総称してフォームフィールド、もしくは単純にフィールドと呼び、多くの場合はその名前を表すラベルと関連付けられています。

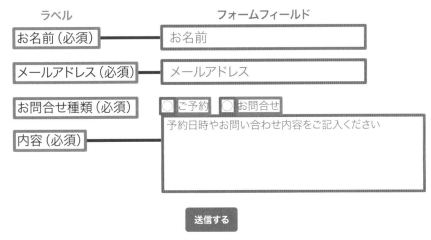

ラベルとフォームは1対1で関連付けられている

　HTMLでは、フォームフィールドを作成するための要素が用意されていて、代表的な要素はinput要素です。

2. 主なフォームフィールド要素

単一行フォームフィールド

　文字や数値の入力など、もっとも基本的な入力欄です。単一行の入力ができます。

　type属性にtextを指定した場合は通常の文字、emailを指定した場合にはメールアドレス入力用のフィールドが作られます。name属性にはテキストボックスの項目名を指定します。

```
<input type="text or email" name="項目名">
```

複数行フォームフィールド

　文字数が長い場合や改行を含む文字を入力する場合に使用するタグとしてtextareaタグがあります。

　textareaタグのcols属性は入力欄の横幅を文字数で、rows属性は縦幅を行数で指定します。

```
<textarea name="項目名" cols="値" rows="値">...</textarea>
```

チェックボックス

　あらかじめ用意された項目から、該当するものをユーザーに選択させる方法として、チェックボックスとラジオボタンがあります。チェックボックスは項目の中から複数選択が可能です。ラジオボタンは項目の中から 1 つだけ選択することができます。

　type 属性に checkbox を指定した場合はチェックボックス、radio を指定した場合はラジオボタンになります。チェックボックスやラジオボタンは関連する複数の項目の name 属性を同じ値にします。それによって関連する同一グループ内の選択肢であると認識されます。value 属性にはその項目が選択されたときの送信文字列を指定します。これは関連する各項目でそれぞれ異なる値にします。これによってサーバー側のプログラムではどの項目が選択されたのかがわかるようになります。

```
<input type="checkbox or radio" name="項目名" value="送信文字列">
```

ドロップダウンリスト

　非常に多くの選択肢が必要な場合に、チェックボックスやラジオボタンでは画面が煩雑になってしまいます。例えば都道府県を選択する項目などがあります。

　このような項目ではドロップダウンリストを使用します。

```
<select name="項目名">

    <option value="送信文字列">表示文字列</option>

…

</select>
```

　「<select> ～ </select>」タグで囲む形で option タグを記述します。option タグは選択項目の数だけ用意します。option タグの value 属性は、その項目が選択された場合にサーバ側のプログラムへ送信する文字列を指定します。ドロップダウンリストに表示する文字列は「<option> ～ </option>」タグの間に記述します。

送信ボタン

　各入力欄に入力された情報を Web サーバーに送信するためのボタンを作成します。

```
<input type="submit" value="ボタン名">
```

　Chapter2「フォーム」（P.67 参照）でもさまざまフォームフィールドが紹介されていましたね。
用途に応じて使いこなしてみましょう。

　　ボタンに名前を付けるときはボタンの機能を考えるよりは、ユーザーの操作目的を考えて付けるようにします。

　　たとえば、オンラインショッピングサイトで商品を注文するためのフォームを作成したとします。送信ボタンはユーザーの注文内容をサーバに送信する機能を持ちます。このときに「送信」など機能を表すものを付けてしまうと、ユーザーにわかりにくいかもしれません。

　　ユーザーの立場になってみると、このボタンを押すと何ができるかを表す言葉のほうが操作がわかりやすくなります。「送信」よりも「商品を注文する」のほうが好ましいものとなります。同様に、たとえばアンケート送信用のフォームなら「アンケートを投稿する」などの言葉を使いましょう。

3. フォームフィールドの属性

name 属性

　　必須の属性で、フォームフィールドの名前を記述します。label 要素と異なる点は、label 要素はブラウザに表示され、ユーザーは項目名としてフィールドを区別します。name 属性はブラウザには表示されずに、サーバーにデータを送信したときにサーバーにあるプログラムがフィールドのデータを区別する際に利用します。label 要素がユーザーが利用するためのもの、name 属性がコンピューターが利用するもの、どちらも必要ですのできちんと書きます。

value 属性

　　フォームフィールドの種類としては、ラジオボタンやチェックボックスなどユーザーがクリックして選択するボタンもあります。value 属性値は、そのボタンが選択されたとき、サーバーへ送る値を設定します。

required 属性

　　フォームフィールド要素に required 属性を付けると、この欄が未入力の状態で送信ボタンを押すと、エラーメッセージが表示されるようになります。

placeholder 属性

　　input 要素内に placeholder 属性を記述し、値にテキストを記述すると、あらかじめ入力欄に記述したテキストが表示されるようになります。ユーザーがテキスト入力を開始すると、プレースホルダーのテキストは自動的に消えます。

4. フォームを使いやすくするためのポイント

入力必須の項目には「必須」と記述

とくに注意したいことは「必須」とテキストで記述することです。「※」などの記号で表したり、色を変えるだけだったりでは不十分です。

strong 要素や em 要素などを使用して強調しておくとなおよいでしょう。

入力内容に制限がある場合その旨を明記

必須項目と同じように、制限事項をテキストで記述することが大事です。em 要素などを使用して強調しておくとなおよいでしょう。

入力例を明記

入力例を明示することで、何を入力すればよいかがユーザーに伝わり、混乱を防ぐことができます。

label要素とid属性を使用し、フィールドにラベルを付ける

関連付ける label 要素の for 属性とフィールドの id 属性の値を同じにします。

input 要素、select 要素、textarea 要素に id 属性で ID 名を指定すると、この名前を label 要素の for 属性に設定することで、フィールドのラベル付けが完了します。

label 要素はとくにラジオボタン、チェックボックスで威力を発揮します。ラジオボタン、チェックボックスを label 要素で関連付けることで、label 要素の範囲をクリック・タップすると該当のラジオボタン、チェックボックスが選択されます。フィールドを選択時のクリック・タップを受け付ける範囲が広がり、高齢者やタッチパネルで操作しているユーザーの負担を減らすことができます。

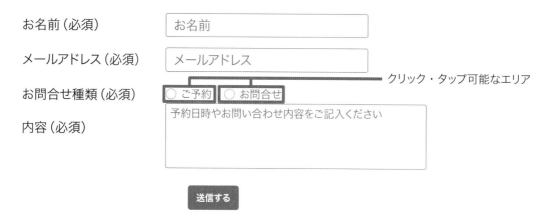

フォーム定義時の注意事項

1. 各フィールドのラベルは label 要素で表す
2. ラベルはコントロールの前に記述する
3. 入力必須項目には必ずテキストで「必須」と記述する
4. 入力内容に制限がある場合は必ず明記する。さらに入力例も明記するとよい
5. 入力に制限時間を設けない、または延長できるようにする
6. ユーザーが間違った操作をした場合に、戻る手段を用意する

5. お問合わせフォームのスタイル

　各項目の見出しを左に、入力欄を右に配置しています。入力欄の左端の位置を揃え、各項目の前後に余白の指定をすることで、見やすく使いやすいものとなります。その方法はいくつかありますが、ここでは、マージンを使って dt 要素と dd 要素の位置を揃える手法を紹介しましょう。

　この手法のポイントは dt と dd 要素の line-height を同じくし、dd 要素の margin-top をその値のマイナス値を指定します（ネガティブマージン法と言います）。こうすることによって、dd 要素は 1 行分上に表示され、dt と dd は水平方向に並びます。さらに、dd 要素の margin-left を指定することで、入力欄の左端が揃います。

```
.inquiry_form dt{
    font-weight: bold;
    line-height: 3rem;
}
.inquiry_form dd {
    margin-top:-3rem;
    line-height: 3rem;
    margin-left: 12rem;
}
```

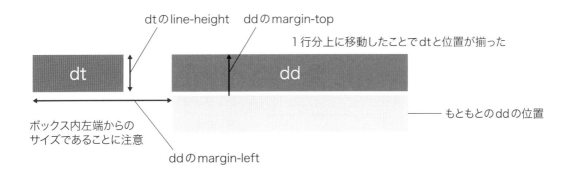

6. Google Formsを利用する

　フォームはユーザーからの情報を受け取るという大切な働きをしますが、そのためにはサーバー上のプログラムを開発する必要があります。

　そういったスキルや手間を省いてくれるサービスがあります。各社で提供されていますが、自由に HTML フォームを作れるわけではなく、カスタマイズの範囲はサービスによって異なります。

　本誌では、無料で利用できて、ある程度のカスタマイズも可能な Google Forms を利用する方法をご紹介します。

Google Forms の利用手順

　Google アカウント（Gmail のアカウント）を持っていない人はまずはアカウントを取得しましょう。普段、Gmail を使っている人なら、そのアカウントで大丈夫です。

❶GoogleForms（https://www.google.com/intl/ja/forms/about/ ）のページにアクセスして、「ログイン」をクリックし、Google アカウントのユーザー名とパスワードを入力します。すでに GoogleChrome で Google アカウントを使ってログインしている人は、アカウント入力画面はスキップされます。

❷すでに目的に応じたフォームがテンプレートとして用意されていますので、それを選んでもかんたんにできます。目的が合わない、もしくはわからなかったら「空白」をクリックして新たなフォームを選択します。ここでは「空白」を選んで 1 から入力項目を決めていきます。

❸フォーム名、質問（入力項目のこと）、フィールドタイプを選択します。新たな項目を追加するには ⊙ をクリックし、新たな項目名とフィールドタイプを選択します。

❹すべての項目を設定したら、右上の送信ボタンを押します。

❺画面右の<>をクリックして、HTML コードを表示したら右下の「コピー」をクリックします。そうすることでクリップボードに一時的にコードがコピーされます。このフォームから送られたデータを確認するためには、GoogleForms のページにアクセスし、「最近使用したページ」から作られたフォームを選択し、「回答」タブをクリックします。

　送られた情報をグラフ化するなど、さまざまなサービスがありますので、一度試してみることをおすすめします。そうすることで、Google Forms でできることとできないことがわかってくるでしょう。

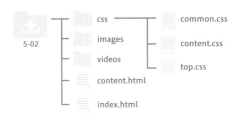
Chapter 5 - 02 観光サイトを作る

次は、架空の観光地のサイトを作ってみましょう。ここでは複数のCSSを使い分けたり、スクロール効果を付与したりしていきます。

❶ コンセプトを考える

海洋島（架空の島）観光サイト

1. 特徴

・アクセス方法は定期運航線のみで少し不便
・まだリゾート開発が進んでいないので宿泊施設が少ない
・開発が進んでいないので手つかずの自然が楽しめる
・マリンアクティビティも充実しつつある

2. ターゲット

・海、自然を愛するナチュラリスト
・休日は時間をかけてゆっくり楽しもうとしている人
・シーフードに目がない

3. デザインコンセプト

・くつろぎ・やすらぎを感じるテイスト
・観光地をイメージさせるためグラフィックを多く取り入れる
・カラーコーディネートはグラフィックの邪魔にならないよう、ブルー系で統一

#0460D9 　　#0487D9 　　#03658C 　　#8DE0F2

❷ トップページの制作

コンセプトの結果から、大胆にグラフィックを多用したデザインにしました。まずは完成した Web ページを確認してみましょう。なおトップページ HTML と CSS のコードについては、「5-02」フォルダ内にある「index.html」と css フォルダ内の「top.css」「common.css」から確認することができます。なおトップページからアクセスするコンテンツページについては、P.242 から作成します。

ナビゲーション

グラフィック・video

index.html

ナビゲーション

```html
<!DOCTYPE html>

<html lang="ja">

<head>

    <meta charset="UTF-8">

    <meta name="description" content="海洋島（架空）は、まだまだ開発が進んでいない分、手つかずの自然が楽しめます。また、マリンアクティビティを楽しめる施設が増えてきていますので、海を愛する人におすすめの隠れスポットです。">

    <link rel="stylesheet" href="css/common.css">

    <link rel="stylesheet" href="css/top.css">

    <title>海洋島｜観光サイト</title>

    <link rel="preconnect" href="https://fonts.googleapis.com">

    <link rel="preconnect" href="https://fonts.gstatic.com" crossorigin>

    <link href="https://fonts.googleapis.com/css2?family=PT+Serif:ital,wght@1,700&display=swap" rel="stylesheet">

</head>

<body>

    <section class="main_visual_area">

        <div class="video-box overlay">

            <video class="video" muted autoplay loop playsinline>
```

```
            <source src="videos/main_video.mp4" type="video/mp4">
        </video>
    </div>
    <nav class="global">
      <ul class="flex">
        <li><a href="content.html#view_spots">view spots</a></li>
        <li><a href="content.html#activities">acitivities</a></li>
        <li><a href="content.html#groumet">groumet</a></li>
        <li><a href="content.html#hotels">hotels</a></li>
      </ul>
    </nav>
    <div class="logo_area">
      <h1><img src="images/logo.svg" alt="海洋島"></h1>
    </div>
  </section>
</body>
```

`</html>`

グラフィック・video

common.css
ページ全体のスタイル

```
body {
    margin:0;
    padding:0;
    font-size:0.9em;
    color:#333333;
    font-family: "游ゴシック", "Noto Sans JP", sans-serif;
    background-color: #ffffff;
}
ul, ol {
    list-style: none;
    padding:0;
}
a:hover {
    opacity: 0.6;
}
.flex {
```

```
    display: flex;

    justify-content: space-between;

  }
```

ナビゲーションのスタイル

```
  .global {

    position: absolute;

    top:0;

    left:50%;

    line-height: 1.2;

    font-size: 1.4rem;

    text-align: center;

    color: #fff;

    font-family: 'PT Serif', serif;

    width:600px;

    transform: translate(-50%, 0);

  }

  .global a {

    color: #ffffff;

    text-decoration: none;

  }
  ```
```

ナビゲーションの位置は
ページ上端に左右中央揃え

600pxのボックスを
左右中央に揃える
```

top.css
videoのスタイル

```css
.main_visual_area {

  position: relative;

}

.video-box {

  position: relative;

  overflow: hidden;

  width: 100%;

  height: 100vh;

}

.video {

  position: absolute;

  top: 50%;

  left: 50%;

  min-width: 100%;

  min-height: 100%;

  -webkit-transform: translate(-50%, -50%);

  -moz-transform: translate(-50%, -50%);

  transform: translate(-50%, -50%);

}
```

動画を配置するサイズはブラウザ全体の同じ大きさ
vwはビューポートの幅のパーセント表示
vhはビューポートの高さのパーセント表示
ビューポートは**P.255**で解説

動画が再生される位置は、**.video-box**の中心位置を基準にして、幅・高さとも100%にしており、ブラウザ全体に動画が再生される

オーバーレイの設定

```css
.overlay::after {

  position: absolute;

  top: 0;

  left: 0;

  display: block;

  width: 100%;

  height: 100%;

  content: "";

  background: rgba(0, 0, 0, 0.4);

}
```

中央の白いロゴを際立たせるために、動画全体に薄いグレーのスクリーンのようなものをかぶせ、少し動画を暗くしている
こういった効果をオーバーレイと呼ぶ
オーバーレイは、動画の画質の粗さを目立たなくする目的でも使われる

ロゴのスタイル

```
.logo_area {
  position: absolute;
  top: 50%;
  left: 50%;
  width: 300px;
  transform: translate(-50%, -50%);
}
```

ロゴの配置位置
.video要素の中央に配置する

1. 複数のCSSファイルを使い分ける

　一般的にはWebサイトは複数のページ（HTMLファイル）があって、それぞれにCSSを適用させます。各ページには、ページ固有のスタイルが適用される箇所もありますし、共通のスタイルが適用される個所があります。それぞれ別のCSSファイルで作成したら面倒ですし、なにより、あとから変更があったときにそれぞれのファイルに対して変更する必要があります。ファイルの数が多ければ修正漏れも発生する恐れがあります。

　1つのHTMLファイルにはlink要素を複数回記述することで、複数のCSSが適用されるので、ページ共通のCSSとページ固有のCSS両方を取り込むことができます。もちろん、適用できるCSSは2つとは限定されていませんので、パーツごとやブラウザごとにCSSを分けても結構です。

　そのときにはlink要素の記述順序に注意してください。下に記述したlink要素が優先されますので、いちばん優先度が低い順番から書いていきます。ここでは使っていませんが、リセットCSSを使うときにはいちばん最初に書くことが鉄則です。その後に、ページ共通のCSS、ページ固有のCSS、パーツ固有のCSSなどの順番でlink要素を記述していきます。

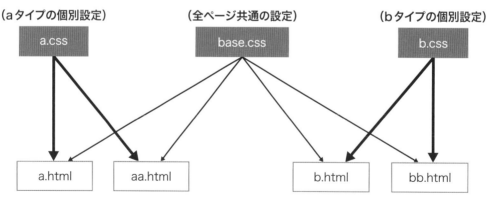

全体の大ささやヘッダー、フッターなどの全ページ共通設定のCSSファイルと、カテゴリー（またはページ）ごとのCSSファイルを分けることで、CSSの指定がしやすくなります。

2. positionを使った時の位置指定

　紙面ではわかりませんが、ページ全体にビデオ素材を再生しています。それを背景として、ナビゲーションとロゴを前面に配置しています。

　ユーザーのブラウザ幅が変わっても、ビデオ、ナビゲーション、ロゴを中央に配置するために、それぞれの位置配置を工夫しています。

　Chapter3で学習してposition要素の働きを確認しておきましょう。

　position:absoluteと指定された要素は、親（祖先）要素にpositionプロパティが記述されている要素を基準として配置を決めます。

　親要素の左上端が基準点となり、topプロパティは基準位置からの上下位置の変更、leftプロパティは基準位置からの左右位置の変更を指定します。

positionの基準位置

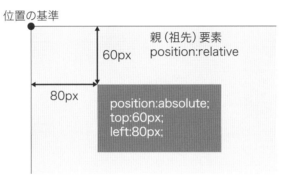

　このページでは、ブラウザの幅が変わっても親要素の中央に配置したいです。その際にはpx単位ではなく％単位を使いましょう。親要素の左右中央なら「left:50%」と指定できます。さらにロゴは上下中央にも配置したいので、「top:50%」と指定します。

　しかし、この50%という数字は「親要素の基準点から子要素の基準点の位置の距離」を指しますので、中央に揃って見えません。

　基準点は左上端と決まっていますので変更することができません。そこで、子要素のボックスサイズの半分だけずらすことによって、きちんと中央に揃えることができます。ポイントは、topやleftプロパティの50%は親要素の幅・高さを基準にしているのに対し、translateで指定するのは、子要素の幅・高さを基準とした数値です。

　近年のデザインは、透明や半透明の要素を重ねて重層的に見せるテクニックが普及しています。「positionを多用するレイアウトには必須のテクニック」ですので覚えておきましょう。

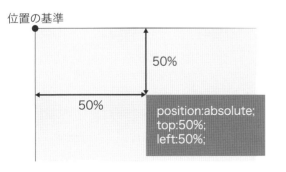

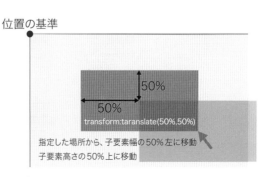

❸ コンテンツページの作成

それでは、次にコンテンツページを作っていきます。まずは完成した Web ページを確認してみましょう。なおコンテンツページの HTML と CSS のコードについては、「5-02」フォルダ内にある「content.html」、CSS フォルダ内の「content.css」から確認してください。

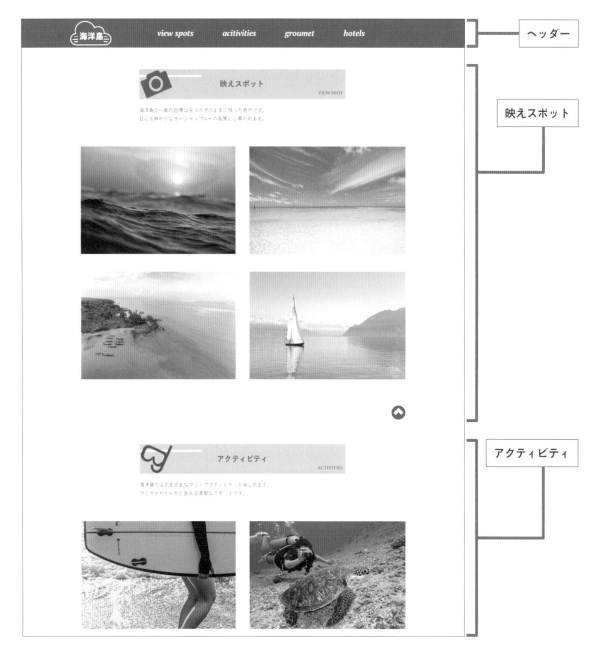

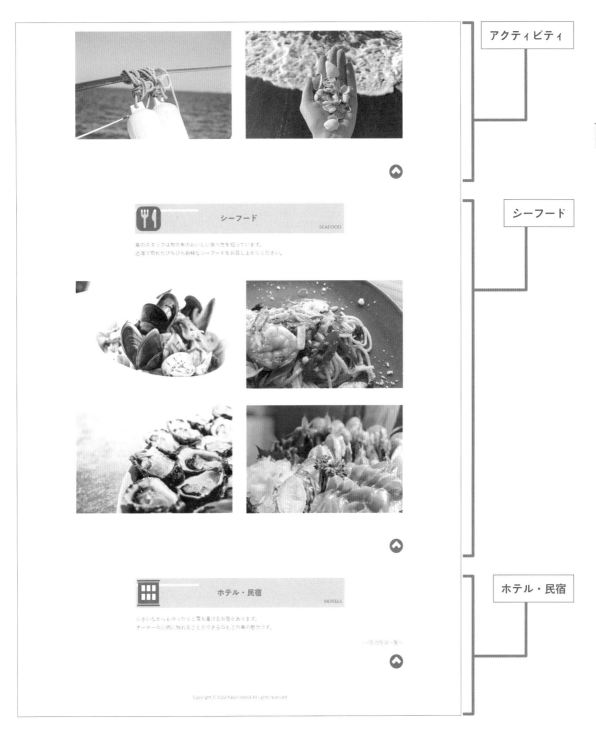

シーフード

SEAFOOD

島のスタッフは旬の魚のおいしい食べ方を知っています。
近海で取れたぴちぴち新鮮なシーフードをお召し上がりください。

ホテル・民宿

HOTELS

小さいながらもゆったりと落ち着けるお宿があります。
オーナーの人柄に触れることができるのもこの島の魅力です。

›› 宿泊施設一覧へ

1. ヘッダー部分

content.html

```
<!DOCTYPE html>
<html lang="ja">
<head>
    <meta charset="UTF-8">
    <meta name="description" content="海洋島（架空）は、まだまだ開発が進んでいない分、手つかずの自然が楽しめます。また、マリンアクティビティを楽しめる施設が増えてきていますので、海を愛する人におすすめの隠れスポットです。">
    <link rel="stylesheet" href="css/common.css">
    <link rel="stylesheet" href="css/content.css">
    <title>海洋島｜観光サイト</title>
    <link rel="preconnect" href="https://fonts.googleapis.com">
    <link rel="preconnect" href="https://fonts.gstatic.com" crossorigin>
    <link href="https://fonts.googleapis.com/css2?family=PT+Serif:ital,wght@1,700&display=swap" rel="stylesheet">
    <link href="https://fonts.googleapis.com/css2?family=Cinzel:wght@500&family=PT+Serif:ital,wght@1,700&display=swap" rel="stylesheet">
    <script src="https://cdn.jsdelivr.net/gh/cferdinandi/smooth-scroll@15.0.0/dist/smooth-scroll.polyfills.min.js"></script>
</head>
<body>
<header class="page_header" id="pagetop">
    <div class="container flex">
        <h1><a href="index.html"><img src="images/logo.svg" alt="海洋島" class="header_logo"></a></h1>
        <nav class="global">
            <ul class="flex">
            <li><a href="#view_spots">view spots</a></li>
            <li><a href="#activities">acitivities</a></li>
            <li><a href="#groumet">groumet</a></li>
            <li><a href="#hotels">hotels</a></li>
            </ul>
        </nav>
    </div>
</header>
```

content.css

```
.container {
    width: 1000px;
    margin:0 auto;
}
```

ページ全体の幅を1000pxとし、水平中央に表示するように設定

```
.page_header {
    background-color: #005f93;
    height:80px;
}
```

header部全体の背景色と高さの指定

```
.page_header h1 {
    margin:0;
    padding-top: 6px;
}
```

```
.header_logo {
    width:120px;
}
```

ロゴ画像の大きさ設定。幅を指定すれば、画像の縦横比から自動的に高さも設定される

```
.global {
    margin-left:60px;
    line-height: 80px;
}
```

グローバルナビゲーションのスタイル設定。行の高さを.page_headerの高さと同じに設定すれば、垂直中央に配置される

```
.global ul {
    margin: 0;
}
```

　ヘッダーの部分は、コンテンツをクリックするとその部分へ一気にジャンプできるようになっています。濃いブルーの背景に白い文字で、ヘッダーからでも海をイメージできるように、カラーコーディネートで工夫をしています。

content.html
映えスポット部分

```
<section class="view_spot" id="view_spot">

    <header class="section_header">

        <h1 class="spots_title">映えスポット</h1>

        <div class="subtitle">view spot</div>

    </header>

    <p>海洋島の一番の自慢は手つかずのままに残った自然です。<br>目にも鮮やかなオーシャンブルーの風景に心奪われます。

</p>

    <div class="photo_area">

        <ul class="photo_wrapper">

            <li><img src="images/view1.png" alt=""></li>

            <li><img src="images/view2.png" alt=""></li>

            <li><img src="images/view3.png" alt=""></li>

            <li><img src="images/view4.png" alt=""></li>

        </ul>

    </div>

    <p class="to_top"><a href="#pagetop"><img src="images/to_top.svg" alt="to top" class="totop_
icon"></a></p>

</section>
```

アクティビティ部分

```
<section class="acitivities" id="activities">

    <header class="section_header">

        <h1 class="activities_title">アクティビティ</h1>

        <div class="subtitle">activities</div>

    </header>

    <p>海洋島ではさまざまなマリンアクティビティが楽しめます。<br>ウミガメやイルカと会える素敵なスポットです。

    <div class="photo_area">

        <ul class="photo_wrapper">

            <li><img src="images/activity1.png" alt=""></li>

            <li><img src="images/activity2.png" alt=""></li>

            <li><img src="images/activity3.png" alt=""></li>

            <li><img src="images/activity4.png" alt=""></li>
```

```
        </ul>

    </div>

    <p class="to_top"><a href="#pagetop"><img src="images/to_top.svg" alt="to top" class="totop_
    icon"></a></p>

</section>
```

シーフード部分

```
<section class="groumet" id="groumet">

    <header class="section_header">

        <h1 class="groumet_title">シーフード</h1>

        <div class="subtitle">seafood</div>

    </header>
<p>島のスタッフは旬の魚のおいしい食べ方を知っています。<br>近海で取れたぴちぴち新鮮なシーフードをお召し上がりくださ
い。</p>
    <div class="photo_area">

        <ul class="photo_wrapper">

            <li><img src="images/groumet1.png" alt=""></li>

            <li><img src="images/groumet2.png" alt=""></li>

            <li><img src="images/groumet3.png" alt=""></li>

            <li><img src="images/groumet4.png" alt=""></li>

        </ul>

    </div>

    <p class="to_top"><a href="#pagetop"><img src="images/to_top.svg" alt="to top" class="totop_
    icon"></a></p>

</section>
```

　コードの下のほうにある「 <p class="to_top"><a href="#pagetop"><img src="images/to top.svg"
alt="to top" class="totop_icon"></a></p>」によって、そこをクリックするとページの一番上に戻れるように
しています。このような配慮をすることで、訪れたユーザーが毎回スクロールする作業を減らしており、ユーザー
ビリティが高い Web ページと言えるでしょう。

ホテル・民宿部分

```html
<section class="hotels" id="hotels">

    <header class="section_header">

        <h1 class="hotels_title">ホテル・民宿</h1>

        <div class="subtitle">hotels</div>

    </header>

    <p>小さいながらもゆったりと落ち着けるお宿があります。<br>オーナーの人柄に触れることができるのもこの島の魅力です
。</p>
<p class="to_hotels"><a href="#">>>>宿泊施設一覧へ</a></p>
    <p class="to_top"><a href="#pagetop"><img src="images/to_top.svg" alt="to top" class="totop_
icon"></a></p>

</section>


<footer><small>Copyright &copy; 2022 Kaiyo Island All rights reserved</small></footer>
<script>

    // ページ内リンクのみ取得

     var scroll = new SmoothScroll('a[href*="#"]', {

      speed: 300,//スクロールする速さ

     });

</script>

</body>
```

content.css
セクション共通のスタイル

```css
section {
    width:1000px;

    margin:60px auto;

}
```

section 要素全体の設定
幅1000pxで、左右中央に揃える
高さは、内容に応じて変化するので指定しない

```css
.section_header {
    width: 600px;

    height: 84px;

    margin:0 auto;

    position: relative;

    background-image: url('../images/title.svg');

}
```

各セクション見出しのスタイル設定

248

```
.section_header h1 {

    text-align:center;

    line-height: 84px;

    color: #ffffff;

    color:#005f93;

    margin: 0;

}
```

各セクション見出しの文字のスタイル

```
.subtitle {

    position: absolute;

    right:8px;

    bottom:8px;

    color:#005f93;

    font-family: 'Cinzel', serif;

}
```

各セクション見出し内の右下の文字のスタイル
親要素.section_headerを基準として、右端8px、
下端8pxの余白を取っている

```
section p {

    width: 600px;

    margin: 20px auto;

}

.spots_title{

    background: url('../images/camera.png') no-repeat 4px center / auto 100%;

}

.activities_title{

    background: url('../images/diving.png') no-repeat 4px center / auto 100%;

}

.groumet_title{

    background: url('../images/groumet.png') no-repeat 4px center / auto 85%;

}

.hotels_title{

    background: url('../images/hotel.png') no-repeat 4px center / auto 85%;

}
```

各セクションの見出しは共通の設定で、左に配置される画像だけ、セクションごとに変えています。

写真の配置

```
.photo_area {

    width: 940px;

    padding: 30px;

}

.photo_wrapper {

    display: flex;

    gap: 40px;

    flex-wrap:wrap;

}
```

写真の配置方法の指定
水平方向に40pxの間隔で配置
はみ出したら、折り返して配置

```
.to_top , .to_hotels{

    text-align: right;

    width: 940px;

}

.to_hotels a {

    color: #005f93;

    text-decoration: none;

}

.totop_icon {

    width: 40px;

}


footer {

    text-align:center;

    padding-bottom:40px;

}
```

1. 見出しスタイルを統一しよう

　ページ内に何回か見出しが出てきていますが、それらの大きさ、背景、文字サイズを変更することにより、ページを通して見たときのリズムが感じられるようにしています。

　見出しのスタイルがバラバラですとそのような効果が生まれませんので、事前に見出しのスタイルを決めておきます。その際に、どこを同じにしどこを変えるか、コーディングのしやすさ、あとから修正が入ったときの工程などを検討して決めます。

　たとえば、ここでは背景の画像は統一していますが、アイコンはタイトルごとに変えています。コーディングとしては、.section_header に背景として適用されているものと、各 h1 要素に背景として適用されているものを変えることで、あとからタイトル背景画像の修正とアイコン画像の修正を別々の作業で行うことができます。

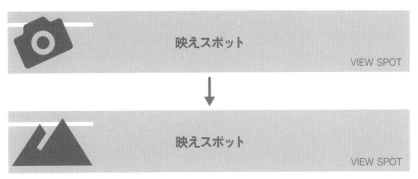

デザインを変更しても、アイコンだけ作り変えればいい

2. スクロール効果を付ける

　紙面では伝わらないのですが、ページ上部のナビゲーション項目、およびページトップのリンクをクリックすると、パッと表示が切り替わるのではなく、スルスルとスクロールの動きがあって該当箇所を表示しています。

　こういった演出もよく使われているのですが、これらを実現する技術は JavaScript という技術です。本誌では JavaScript について詳しくは言及していないのですが、「JavaScript を使えばこんなこともできるよ」というご紹介です。技術的な部分は触れずに、こんな働きがあるということだけ説明します。

```
<script src="https://cdn.jsdelivr.net/gh/cferdinandi/smooth-scroll@15.0.0/dist/smooth-scroll.poly
fills.min.js"></script>
```

　上の記述は「インターネットから、smooth-scroll.polyfills.min.js という JavaScript ファイルを探して、利用できるようにしています」という意味です。

```
<script src="https://cdn.jsdelivr.net/gh/cferdinandi/smooth-scroll@15.0.0/dist/smooth-scroll.poly
fills.min.js"></script>
<script>
    var scroll = new SmoothScroll('a[href*="#"]', {
     speed: 300,
    });
</script>
```

bodyの終了タグ直前に書いているものは、smooth-scroll.polyfills.min.jsの設定で、ページ内リンクはすべて、0.3秒でスルスル動いて表示するという意味です。speed:の数字はミリ秒単位ですので、数字を1000とすれば、1秒かけて動きます。数字を変えて変化を楽しんでください。

この例はJavaScriptの演出効果のほんの一例で、さまざまな動きの効果が実装できます。動きの効果はユーザーを楽しませるだけでなく、わかりやすく使いやすいといったユーザビリティにも大きく影響します。Webページを作成するためには必須の技術ですので、後ほど学習することをおすすめします。

MEMO

今回の例では、JavaScriptという言語で作られたプログラム「smooth-scroll.polyfills.min.js」というファイルを利用しました。これはあるプログラマーがこのファイルを作って、インターネットで公開することによって、だれもが自由に使えるようになっています。

JavaScriptライブラリとは、使える機能を部品化して再利用可能にしたファイルで、この例のように、インターネット経由で利用できるものがほとんどです。つまり、あらかじめ作られたファイルを部品として利用すれば、利用者はすべてのプログラムを書かなくてもよいのです。しかし、それを利用するにもJavaScriptの基本的な知識が不可欠ですので、きちんと基礎から学習することをおすすめしします。

レスポンシブ
Webデザインとは

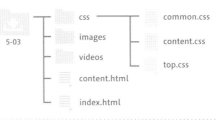

		css	common.css
5-03		images	content.css
		videos	top.css
	content.html		
	index.html		

レスポンシブとは「敏感に反応する」という意味があります。レスポンシブWebデザインとは、パソコンでもスマートフォンでも「画面の切り替え」をする手法を指します。

❶ レスポンシブWebデザインの必要性

パソコンやスマートフォン、タブレット端末などさまざまなデバイスがインターネットで利用できるため、複数のデバイスを同時に利用する人が増えています。利用シーンや目的に応じて、テレビやスマートフォン、タブレット端末などを複数併用しています。みなさんは普段どのようなデバイスをお使いでしょうか。

サイト開設側からすれば、デバイスに関わりなく、ユーザーに閲覧してもらうことが大切なので、コンテンツを提供する際には、さまざまなデバイスの画面に対応する必要性があります。そこで生まれたのが「レスポンシブWebデザイン（RWD）」という手法です。

1. レスポンシブWebデザインのメリット・デメリット

レスポンシブWebデザインとは、パソコンでもスマートフォンでもすべてのデバイスに同じWebページを用い、ブラウザの幅サイズに応じて、適用するスタイルを切り替える手法のことです。

メリットとしては、Webページは同じですからHTMLファイルを複数用意する必要がないので、作成やメンテナンスの労力が低減できます。修正漏れの可能性もなくなります。

デメリットとしては、デバイスに特化した作り込みには限界があり、機能やデザインが最大公約数的になることです。他のデバイス用の不要なデータを読み込むことで、表示が遅くなる可能性があることも注意しなければなりません。

RWDのしくみ

コンテンツ　　各デバイス向けに表示を自動変換

スマートフォン

タブレット

デジタルサイネージ

PC

利用シーンを考慮した対応

　スマートフォンなどのモバイル端末は、普段持ち歩いてすぐに見ることができます。ちょっとした隙間の時間で利用されることから、すぐに内容がわかるようなシンプルな表現を心がけましょう。

低速な通信回線への対応

　スマートフォンの通信速度が高速化していますが、それでもケーブルでつながれたパソコンに比べると、速度は落ちます。また、電波状況が悪い中で使用することも多々あります。したがって、低速な通信回線への対応として、なるべくページ遷移が発生しないように、サイトの階層構造をあまり深くしないことも必要です。近年、1ページになるべく情報を押し込むタイプのものが多くなったのも、こういった理由だと思います。

小さい画面サイズへの対応

　スマートフォンやタブレットはパソコンに比べると画面サイズが小さめです。掲載する情報を吟味し、必要なものだけをできるだけシンプルに表現するようにし、装飾的な要素はなるべく排除するようにしましょう。

❷ RWDの実践

1. ブレイクポイントを検討する

　「ブレイクポイント」はCSSのスタイルを切り替える幅サイズのことで、ピクセル単位で指定します。　スマートフォンの画面のピクセルサイズはパソコンと比べて小さくて密度が高くなっており、小さい画面でも細かい表示ができます。そのピクセルの密度をppiという単位で表し、数字が大きいほど細かい表示ができます。

　パソコンのピクセル密度を160ppiを標準と考えると、iPhone13のディスプレイの幅は1170ピクセルですが、ピクセル密度は460ppiなので標準（160ppi）の約3倍です。

　したがって、1170 ÷ 3 = 390ピクセルとなり、ブレイクポイントが390ピクセル以上なら、iPhon13の縦置きで表示できます。

ブレイクポイントの例

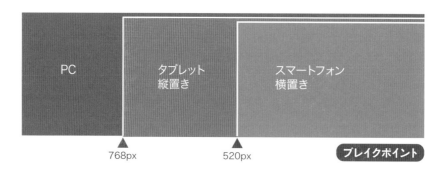

ブレイクポイントをどのサイズに指定するのかは、とくに決まりはありません。たとえば、PC用のデザインとスマートフォン縦置き用のデザインを分けたいときには、ブレイクポイントは520ピクセルあたりにします。さらに、タブレット縦置き用のデザインも分けたいときには、768ピクセルあたりを定めます。

2. viewportの設定

viewport とは、スマートフォンが Web ページを表示するときの設定を HTML 文書の head 要素内に記述します。いろいろな書き方がありますが、以下の書き方が多く用いられます。

以下の記述は、「表示するコンテンツの幅はデバイスの幅に合わせて、初期の表示倍率は等倍」という意味ですが、呪文として覚えたほうがよいでしょう。

```
<head>
  <meta name="viewport" content="width=device-width, initial-scale=1">
</head>
```

3. メディアクエリの設定

「メディアクエリ」とは、ユーザーがページを表示する際に、条件付きの CSS を加えられるようにする機能です。CSS 内に、メディアクエリを記述する際には、必ず通常のスタイルの下に記述をしてください。

たとえば、スマートフォンに表示を最適化させるために、ディスプレイの横幅が 600 ピクセル以下の場合のスタイルを追加することができます。

```
@media screen and (max-width:600px) {
    /* 幅600ピクセル以下のウインドウ幅に対してのCSSの記述 */
}
```

4. 検証環境（ブラウザのデベロッパーツール）

RWD が適用された Web ページがどう表示されるかを確認する必要がありますが、いちいちスマートフォンやタブレットで確認しなければならないのでしょうか？

実は、ほとんどのブラウザには検証ツールというものがあり、RWD の表示結果をシミュレーションして表示することができます。Google Chromeのデベロッパーツールの使い方について説明します。

Google ChromeのデベロッパーツールでRWDの確認

❶Google Chrome で確認したいページを表示します。

❷Windows では [Ctrl]+[Shift]+[i] もしくは [F12] を押します。Mac の場合は、[Command]+[Option]+[i] を押します。

❸「デバイスツールバーの切り替え」をクリックすると、RWD の表示が確認できます。

❹必要に応じて、機種名を変更して機種ごとの表示を確認します。

　Google Chrome のデベロッパーツールなどの、ブラウザの検証機能はとても有用で、RWD の表示確認だけでなく HTML の要素や CSS のスタイルの確認ができます。積極的に使うことをおすすめしますが、最終的にはできる限り実機を使った検証も取り入れたほうがよいでしょう。とくに Android OS のスマートフォンは機種ごとの差異が大きいので、検証の表示結果どおりにならないこともあります。

❸ RWD の適用例

　ここで、前節に取り上げた観光サイトを RWD 化しましょう。今回はブレイクポイントを 600 ピクセルとし、スマートフォン縦置き用のレイアウトを新たに設定することにします。

　実は、トップページ（index.html）はレイアウトがシンプルで、あらかじめ RWD を考慮して作成していますので、HTML には viewport を追加するだけです。なお、トップページの HTML と CSS のコードについては、「5-03」フォルダ内にある「index.html」と CSS フォルダ内の「top.css」「common.css」から確認してください。

1. トップページの変更

index.html

```
<head>

    <meta charset="UTF-8">

    <meta name="description" content="海洋島（架空）は、まだまだ開発が進んでいない分、手つかずの自然が楽しめま
す。また、マリンアクティビティを楽しめる施設が増えてきていますので、海を愛する人におすすめの隠れスポットです。">

    <meta name="viewport" content="width=device-width, initial-scale=1">
```

common.css

```
@media screen and (max-width:600px) {

    .global {

      left:0;

      font-size: 1rem;

      width:100%;

      padding:0 20px;

      box-sizing:border-box;

      transform: translate(0, 0);

    }

  }
```

グローバルナビゲーションの位置、
大きさをスマートフォンの画面サイ
ズに合わせて調整

　この記述を common.css のいちばん最後に追加してください。ナビゲーションが入りきれないのでサイズ調整
をしました。このように、設定済みの CSS に対して変更したいものだけ追加すればよいのです。あとから追加す
ることによってスタイルが上書きされます。ここでは位置の調整やフォントサイズの調整を行いましたが、文字色
やフォントの変更はしないので、それらのプロパティは追加していません。

ブラウザの幅が 600 ピクセルより大きい場合のスタイル

```css
.global {
    position: absolute;
    top:0;
    left:50%;
    line-height: 1.2;
    font-size: 1.4rem;
    text-align: center;
    color: #fff;
    font-family: 'PT Serif', serif;
    width:600px;
    transform: translate(-50%, 0);
}
```

ブラウザの幅が 600 ピクセル以下の場合のスタイル

```css
.global {
    position: absolute;
    top:0;
    left:0;
    line-height: 1.2;
    font-size: 1rem;
    text-align: center;
    color: #fff;
    font-family: 'PT Serif', serif;
    width:100%;
    transform: translate(0, 0);
    padding:0 20px;
    box-sizing:border-box;
}
```

view spots   acitivities   groumet   hotels

view spots   acitivities   groumet   hotels

メディアクエリ内で変更・追加されたプロパティは上書きされますが、記述がないプロパティはメディアクエリ外の設定がそのまま適用されます。

2. コンテンツページの変更

「5-03」フォルダ内にある「content.html」と CSS フォルダ内の「content.css」から確認してください。
HTML は、トップページと同様、viewport を追加するだけです。

content.html

```html
<head>
    <meta charset="UTF-8">
    <meta name="description" content="海洋島（架空）は、まだまだ開発が進んでいない分、手つかずの自然が楽しめます。また、マリンアクティビティを楽しめる施設が増えてきていますので、海を愛する人におすすめの隠れスポットです。">
    <meta name="viewport" content="width=device-width, initial-scale=1">
```

content.css

```css
/* 600ピクセル以下の表示 */


@media screen and (max-width:600px) {
    .container {
        width: auto;
    }
}
```

スマートフォンの解像度は機種によって変わるので、幅のサイズが決められない
しかし、width:autoとすることで、ビューポート一杯に表示することができる

```
/* header部のスタイル */

.page_header {

    height: 80px;

}

.page_header > .flex {

    display: block;
```
──── ロゴとナビゲーションを縦に並べる
```
}

.page_header h1 {

    text-align: center;
```
──── ロゴを水平方向中央に配置
```
}

.header_logo {

    width:80px;

}

.global {

    margin-left:0;

    padding-top:36px;
```
──── グローバルナビゲーションの位置と大きさを
スマートフォンの画面サイズに合わせて調整
```
    line-height: 60px;

}
```

セクション共通のスタイル

```
section {

    width:100%;

    margin:40px 0;

    padding:8px;
```
──── 幅100%とすると、画面横サイズ一杯と考えがちだが、
paddingを指定していた場合にはその分大きくなって画
面からはみ出る
box-sizing:border-boxとすると、その問題は解消できる
```
    box-sizing: border-box;

}

.section_header {

    width:100%;

    height: 60px;

    background-size :100%;
```

```
    }
    .section_header h1 {
        line-height: 60px;
    }


    .subtitle {
        font-size: 0.7rem;
    }
    section p {
        width: auto;
    }
```

写真の配置

```
    .photo_area {
        width: 100%;
        padding: 0;
    }


    .photo_wrapper {
        display: flex;
        gap: 40px;
        flex-wrap:wrap;
    }


    .photo_wrapper img{
        width:100%;
    }
    .to_top , .to_hotels{
        width: 100%;
    }
    footer {
        padding-bottom: 10px;
    }
}
```

画像を画面いっぱいに表示

メディアクエリ以下を載せていますので、common.css と同様、いちばん下に追加してください。

スマートフォンではボックスの幅は基本100%

　スマートフォンでは画面が小さいため、ボックスを横並びにするには限界があります。基本は縦方向に並べるレイアウトを考えましょう。

　スマートフォンの機種によって画面サイズも変わりますので、ボックスの幅は「width:100%」としましょう。これなら、ビューポートに合わせてボックスの幅サイズが最適になります。そのときに、要素の左右にマージンやパディング、ボーダーなどが設定されている場合には注意が必要です。CSS ボックスモデルにおける width はコンテンツの幅サイズを表し、マージンやパディングが設定されていたら、そのサイズをプラスした大きさが実際の大きさです。

例

```
width:100%;

padding:40px;
```

　ブラウザの幅が 390 ピクセルのときには、このボックスの横幅は 390+40 × 2 = 470 ピクセルとなり、大きく画面からはみ出してしまいます。こんなときに便利画なものが box-sizing プロパティです。「box-sizing:border-box」とすると、パディングとボーダーを含めたサイズを width や height で指定できます（マージンは含まれません）。

❹ ブラウザに合わせて画像のサイズを変える

　トップページなどサイト全体の印象を大きく左右するメインビジュアルですが、PC 用の横長のレイアウトとスマートフォン縦置き用レイアウトでは工夫が必要です。　パソコン用のレイアウトは横長で配置しますが、スマートフォン用ではどうしても横サイズに合わせると、メインビジュアルが小さくなり、縦横比を変えないとうまく収まりません。

　そこで、メインビジュアルの画像は HTML の img 要素で配置せずに、CSS の背景画像として配置します。そうすることでボックスのサイズや縦横比がわかっても画像が変形せずに配置できます。

　5-1 で制作したトップページのメインビジュアルを変更してみましょう。

```
<div class="main_visual_area">

    <!-- ここに背景画像として配置されます -->

</div>
```

```
.main_visual_area {

    height:600px;

    background-image: url('../images/top1.png');

    background-repeat: no-repeat;

    background-position: center top;

    background-size: cover;

}
```

　background-size プロパティは、背景画像のサイズを指定するためのプロパティとして紹介していましたが、cover、contain といったキーワード指定もできます。

background-size プロパティに設定できる値

値	説明
contain	画像サイズの縦横比を保ったまま、背景画像全体が表示される最大サイズにする。
cover	画像サイズの縦横比を保ったまま、1つの背景画像がボックス全体を表示する最小サイズにする。

background-size:contain ブラウザ幅1600pxの見え方

background-size:contain ブラウザ幅1000pxの見え方

background-size:cover ブラウザ幅1600pxの見え方

background-size:cover ブラウザ幅1000pxの見え方

Webデザイン
tips集

最後に、Webで利用する画像やアイコン利用とSNSとの連携について確認していきましょう。とくにWebページへのSNSの埋め込みはもはや必須となっています。

画像利用のノウハウ

写真、イラスト、アイコンなどの画像パーツは、Web ページのデザインやユーザビリティ向上のために必ずと言ってよいほど必要な要素です。文字では伝えにくい情報も画像を使えば直感的に伝えることもできます。

❶ 利用するときの注意点

　Web ページのビジュアル面の演出効果を高めたいときには、センスのよいハイクオリティな写真素材を探すことになります。そういった高品質な写真素材は、インターネットで膨大な数がダウンロードして利用できるようになっています。しかし、どの画像素材も自由に使えるわけではないので、画像素材をネットからダウンロードする場合には以下の点を注意しましょう。

1.素材サイトの利用規約をよく読む

　高品質な写真は、無料や有料で利用できる写真素材サイトから探すことになります。そういったサイトから入手する場合は、それぞれのサイトの使用許諾の内容をよく読み、許諾された範囲で利用しなければなりません。サイトによって商業利用に条件があったり、撮影者のクレジット表記が必要であったりするものもあります。

　もちろん、素材サイト以外から入手した画像も著作件がありますので、撮影者（著作者）に無断で利用してはいけません。ちなみに、皆さんが作って公開した Web ページも著作物ですので、第三者が無許可で使えないことになっています。

2.画像のサイズ

　入手した画像ファイルは、必ず Web ページで用いるサイズに変更しましょう。この時に、元のサイズが小さい場合は、拡大するとギザギザが目立って画質が粗くなってしまうおそれがあります。基本的に画像データは、大きく拡大しないと覚えておきましょう（後述しますが、SVG データは OK です）。

　逆に、サイズが大きすぎる画像をそのまま Web ページに配置すると、ページ表示の待ち時間が増え、結果、ユーザーのストレスを増加させることになりますので、その場合もサイズを適切に変更します。

　画像サイズを変更するアプリケーションは、Photoshop や GIMP などの画像加工用のものが適していますが、Windows のペイントなど、OS に入っているアプリケーションでもかまいません。

COLUMN　CC（クリエイティブ・コモンズ）とは

「クリエイティブ・コモンズ」とは、CCライセンスを管理しているプロジェクトです。CCライセンスとは、著作者自身が著作物の利用範囲を決めて、その範囲内だったら第三者が自由に使えるというものです。インターネット上で写真や文章などを公開する人の中には、法律が認める権利をすべて行使したいわけではないという人も存在します。その認識に基づいて発足したのがCCです。

CCライセンスは、その意思を明示する方法としてかんたんな4つのアイコンの組み合わせを選択するだけで、誰でも自分の作品を、自分の好きな条件でインターネットを通じて世界に発信することができるライセンスシステムです。

種類		条件
表示	🛈	作品のクレジットを表示すること
非営利	¥	営利目的で使用しないこと
改変禁止	=	元の作品を改変しないこと
継承	↻	元の作品と同じ組み合わせのCCライセンスで公開すること

クリエイティブ・コモンズのサイト（https://creativecommons.jp/）では、CCライセンスを付与した約600万点の画像、動画、音声、テキストの作品を検索することができます。

❷ 画像のファイル形式

　画像のファイル形式はWeb用途に適したものでなくてはなりません。　Webブラウザが表示できるファイル形式は決まっています。現在、JPEGやPNG形式が主流ですが、拡大縮小可能なSVGや、アニメーションが再生できるGIFなどを使うこともあります。

　また、画像のファイルサイズは小さい方が、ブラウザでの表示が早くて、ユーザーにストレスを与えません。表示のクオリティとスピードを両立した最適化の手法は、画像形式により変わります。

1. PNG(Portable Network Graphics)

適した画像

・背景を透明にした画像（透明度のグラデーションも可）
・グラデーション付きのイラスト

データ容量を最適化する方法

　PNG-8は同時発色数が最大256で、色数を抑えるほど容量が抑えられます。
　PNG-24は、色数や画質を変更することができません。PNG-24の透明を採用した場合は、ほかの形式と比べてデータ容量が大きくなりがちなので、用途やサイズについて十分検討をしましょう。

2. JPEG(Joint Photographic Experts Group)

適した画像

・背景を透明にできないため、角版の写真や色数が豊富なイラスト

データ容量を最適化する方法

JPEG は圧縮率を変更することができるので、圧縮率を高めると、容量をかなり小さくできます。しかし、小さくしすぎると画質が劣化しますので、目で見て圧縮率を調整しましょう。

3. SVG(Scalable Vector Graphics)

適した画像

・イラストやロゴのデータ

・写真は適さない

データ容量を最適化する方法

Illustrator や PowerPoint などの図形が描画できるアプリケーションで作成したアイコンやロゴは、SVG 形式で保存しましょう。SVG 形式ならば、PNG や JPEG と異なり、サイズを拡大しても画像が粗くなることはありません。

4. GIF(Graphics Interchange Format)

適した画像

・プレーンな塗りの面が多く、色数が限られた画像（グラデーションなしのアイコンなど）

・GIF アニメーションが必要な場合

データ容量を最適化する方法

同時発色数が最大 256 で、色数を抑えるほど容量が抑えられます。

5.画像のファイル形式の特徴

形式	拡張子	最大発色数	背景を透明	ファイルサイズ
PNG	.png	PNG-8…256色 PNG-24…1670万色	○	PNG-24は 大きくなりがち
JPEG	.jpg .jpeg	1670万色	×	比較的小さい （圧縮率によって 変化する）
SVG	.svg	1670万色 （CSSで変更可能）	○	小さい
GIF	.gif	256色	○	比較的小さい

COLUMN ビットマップ画像とベクター画像

画像データの種類は大きく2種類に分類されます。「ビットマップ画像」は、小さな正方形の色（ピクセル）を敷き詰めて写真やイラストを表現する方法です。画像を拡大すると小さい四角形が見て取れ、ギザギザしているのがわかります。PNG、JPEG、GIFはこれに当てはまり、最大1670万色を表現できることが魅力です。

一方「ベクター画像」は、点と線で画を表現します。SVGはこれに当てはまり、拡大・変形しても輪郭が粗くなったりはしません。ファイル容量もビットマップ画像に比べると、かなり小さくて済みます。

ビットマップ画像

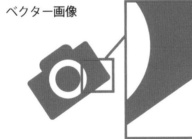

極端に画像の拡大をすると
画像があれる

ベクター画像

画像の拡大をしても
画像の輪郭がなめらか

アイコンを利用しよう

Chapter 6 02

Webページにアイコンを使用すると、ユーザーがより直感的に内容を把握することができます。長々と文字で表現するよりもスペースを必要としないので、画面が小さいスマートフォンではかなり有効な手法です。

❶ アイコンを作成するポイント

　アイコンを作成するためのアプリケーションは、Illustrator や Sketch などのプロ向けのものや、Power Point などの図形を描画できるソフトなら何でもよいです。無料のソフトも多く存在しますが、書き出し形式が SVG に対応したもののほうがよいでしょう。

　作成するときには、まずモチーフを選んでそれをなるべくシンプルな形で表現することを心がけます。選んだモチーフが適切なものか、誤解が生じないかを慎重に判断します。

　色は基本、単色で作ることをおすすめします。そのほうが、いろいろな用途で使うことができます。自分で作ることが難しい方は、次の Font Awesome を試してみてはいかがでしょうか。

❷ Font Awesome

　「Font Awesome」は Web でよく利用されるアイコンを提供しているサイトです。豊富な種類のアイコンが用意されていて、かんたんな操作でアイコンを利用することができます。さらに、色やサイズもかんたんに変えることができるので、サイトに合わせてカスタマイズもできる、たいへん自由度が高いサービスです。

　無料で使えるプランと有料で使えるプランがありますが、とりあえず無料で試してください。

1.利用手順

利用者登録

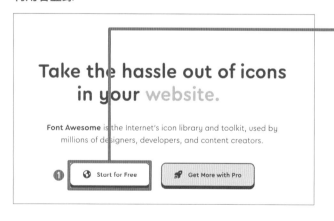

❶Font Awesome（https://fontawesome.com/）にアクセスし、「Start for Free」をクリックします。

❷テキストボックスに自分のメールアドレスを入力し①、「Send Kit Code」をクリックします②。メールが届くので、メール内の「Confirm Your Email Address」をクリックします。

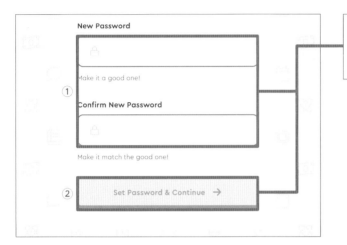

❸任意のパスワードを2回入力して①、「Set Password & Continue」をクリックします②。

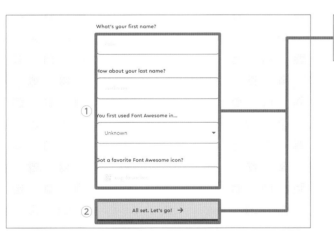

❹名前などを任意で入力して①、「All set, Let's go」をクリックします②。

❺利用のためのタグが表示されるので、「Copy Kit Code!」をクリックします。コピーしたコードを利用したいページのhead要素内にペーストしてください。

```
<head>

    <meta charset="UTF-8">

    <script src="https://kit.fontawesome.com/*発行された自分のコ

ード*.js" crossorigin="anonymous"></script>

</head>
```

head 要素内ならば、ペーストする場所はどこでもけっこうです。

これで、このページで Font Awesome が使える設定が整ったので、次のステップに移行します。

アイコンの使用

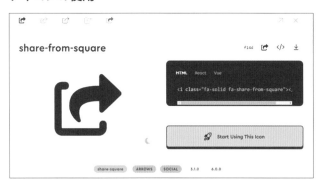

❶Font Awsome の Web サイトから利用したいアイコンを探します。

・検索ワードを使って検索する
・Web サイト左側のナビゲーションからカテゴリを選択する

❷HTML 文書中のアイコンを配置したい場所にコピーしたコードをペーストします。

 HTML 6-02-1.html

```
<i class="fa-solid fa-share-from-square"></i>
```

❸ サイズや色を変えたいときは

アイコンのサイズ指定は、ペーストした i 要素に class を加えるだけです。

クラス名	大きさ	補足
fa-xs	0.75em	
fa-sm	0.875em	
fa-lg	1.33em	vertical-align: -25%が適用される
fa-2x	2em	
fa-3x	3em	
fa-5x	5em	
fa-7x	7em	

色を変えたいときはCSSのcolorプロパティで色を指定することができます。

HTML 6-02-1.html

```html
<nav class="global">
    <ul class="flex">
    <li><a href="#view_spots"><i class="fa-solid fa-binoculars"></i>view spots</a></li>
    <li><a href="#activities"><i class="fa-solid fa-sailboat"></i>acitivities</a></li>
    <li><a href="#groumet"><i class="fa-solid fa-fish"></i>groumet</a></li>
    <li><a href="#hotels"><i class="fa-solid fa-hotel"></i>hotels</a></li>
    </ul>
</nav>
```

CSS 6-02-2.css

```css
i[class] {
    padding-right:8px;
}
```

SNS投稿の埋め込み

Webページのアクセス数を上げるためにはSNSとの連携を取って、SNSとの相乗効果を狙いましょう。ここでは、WebページにさまざまなSNSの投稿を表示する手法を紹介します。

❶ Twitterのタイムラインを埋め込む

SNSは急速に利用者数が増え、今や情報の収集と発信をするためのメディアの中心と言えるでしょう。Webと比べて、投稿のしやすさ・気軽さがSNSの強みです。アプリの使い方に慣れれば、とくにHTMLやCSSの勉強をすることなしに投稿・閲覧できるので、常にフレッシュな情報をアップしたり目にしたりすることができます。

Twitterでは「埋め込みタイムラインウィジェット」を使って、TwitterのタイムラインをWebページに埋め込むことができます。5種類の埋め込みタイムラインを利用でき、すべてtwitter.comのタイムラインと見た目や操作感が似ています。

説明	説明
プロフィール	すべてのTwitterアカウントからの公開ツイートを表示します
いいね	特定のアカウントがいいねしたすべてのツイートを表示します
リスト	公開リストのツイートを表示します
コレクション	まとめて管理するコレクションからツイートを表示します
モーメント	公開されているモーメントからツイートを表示します

以下は、もっとも利用されている、プロフィール（すべてのツイートを表示）をページに配置する操作手順を紹介しています。

1.操作手順

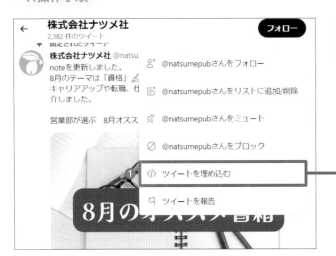

❶Twitterからタイムラインを表示し、埋め込みたいツイートの右上端の3点をクリックして、「ツイートを埋め込む」をクリックします。

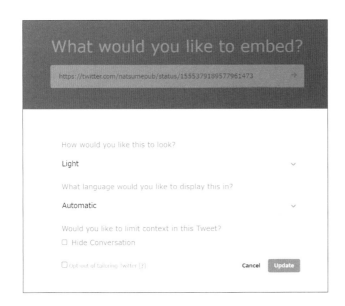

❷「set customization options」をクリックし、オプションの設定をします。

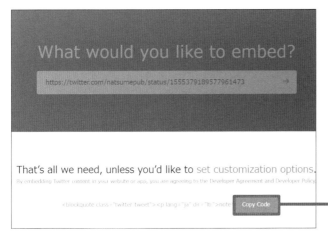

❸「Copy Code」をクリックし、Webページの配置したい場所にペーストします。

MEMO

blockquote要素は比較的長い文章を引用・転載するときに用います。

❷ YouTube の動画を埋め込む

　動画コンテンツの魅力はなんと言っても情報量の多さです。テキストや静止画で伝えきれない情報も動画によってわかりやすく伝えることができます。

　かつては動画制作はコストがかかることと、ブラウザの動画再生機能の貧弱さから敬遠されていましたが、現在は誰でも気軽に動画を撮り、投稿することができます。

　YouTube に投稿した動画や再生リストを埋め込む方法を紹介します。

1.操作手順

❶YouTube で埋め込みたい動画を表示し、動画の下にある「共有」をクリックします。

❷「埋め込む」をクリックします。

❸ダイアログボックスの右下の「コピー」をクリックして、Web ページの配置したい場所にペーストします。

COLUMN **動画コンテンツを使用する目的**

情報の内容や達成したい目的によっては、動画コンテンツを使用したほうが効果的なことがあります。しかし、目的が明確でないまま動画コンテンツを利用してしまうと、効果が表れないばかりか、動画を埋め込むことによってブラウザの表示速度が低下するおそれがあるので、デメリットになってしまいます。
Webサイトに動画を導入する目的を明確にしましょう。

・文字や写真だけでは伝えにくい情報を伝える

・操作や手順などを伝える

・ユーザーを楽しませる

❸ Instagramの投稿を埋め込む

　Instagramに投稿されたものをWebページに埋め込むことができ、Webページ上の投稿をクリックすると、Instagramの投稿にジャンプすることができます。

　Instagramの埋め込み機能は、Web版でのみ使える機能となっており、アプリ版のInstagramでは利用できません。

1.操作手順

❶ブラウザでInstagramを開いて、埋め込みたい投稿を表示し、右上の3点をクリックします。表示されたメニューから「埋め込み」をクリックします。

❷「埋め込みコードをコピー」をクリックして、Webページの配置したい場所にペーストします。

　埋め込みを利用するには、アカウントを公開して埋め込みの設定をオンにする必要があります。非公開アカウントの投稿を埋め込むことはできません。

❹ Facebookページのタイムラインを埋め込む

　Facebookページのタイムラインを Web ページに埋め込むことができます。埋め込まれた投稿は、Facebook の際と同様に「いいね！」や「シェア」をすることができます。これを「ページプラグイン」といって、誰もが利用することができます。

　なお、事前に Facebook ページを作成し公開しておく必要があります。非公開の個人アカウントのタイムラインは埋め込むことができません。

> ## 🔍 MEMO
>
> 　Facebook 上でのコミュニケーションは、知人・同僚・同級生など、つながりを持っている人同士の閉じたコミュニティ内に限定されます。そういった情報は、全ての人に公開する Web という媒体とは目的が異なると言えます。
>
> 　しかし、投稿の中にはコミュニティ外にもどんどん発信したい情報もあると思います。
>
> 　そこで、Facebook には「Facebook ページ」というサービスがあり、そこで発信される情報は、Facebook ユーザーだけでなくすべてのインターネットユーザーに対して公開されます。投稿した記事や作成したイベントなどがすべて公開され、検索サイトの検索対象にもなります。

1.操作手順

❶ブラウザからFacebookのサイト「ページプラグイン」（https://developers.facebook.com/docs/plugins/page-plugin）にアクセスします。必要項目を入力して①、「コードを取得」をクリックします②。

(1) FacebookページのURLを入力します

(2) タブの種類を入力します
・timeline：Facebookページのタイムラインにある、最新の投稿が表示されます。
・events：プラグインからページのイベントをフォローしたり、イベントのフィードを購読したりできます。
・messages：WebサイトからFacebookページにメッセージを直接送信できます。この機能を使用する場合、利用者はログインが必要になります。

(3) プラグインの幅を指定します（ピクセル単位）

(4) プラグインの高さを指定します（ピクセル単位）

❷「IFrame」タブを選択して、表示されたコードをコピーします。Webページに配置したい場所にペーストします。

JavaScript SDK   **IFrame**   ×

ページ上でプラグインを表示する場所にこのコードを配置します。

```
<iframe src="https://www.facebook.com/plugins/page.php?
href=https%3A%2F%2Fwww.facebook.com%2FIsolde-%E3%82%A4%E3%82%BE%E3%83%AB%E3%83%87-
193985754125083%2F&tabs=timeline&width=340&height=500&small_header=false&adapt_containe
r_width=true&hide_cover=false&show_facepile=true&appId" width="340" height="500"
style="border:none;overflow:hidden" scrolling="no" frameborder="0"
allowfullscreen="true" allow="autoplay; clipboard-write; encrypted-media; picture-in-
picture; web-share"></iframe>
```

❺ SNSにリンクした際に見やすいページを作る

　この節では、WebページへSNSの投稿を埋め込む方法をSNSごとに紹介しました。

　それでは、逆にSNSにWebサイト（ページ）を表示できるでしょうか？　もちろん、できます。投稿記事内にWebサイト（ページ）のURLを貼り付けると、投稿にリンクが貼られて、その投稿をクリックすると該当のページにジャンプします。

　さらに「OGP（Open Graph Protocol）」で定めた記述をmeta要素内にすると、SNSでの投稿の際に、リンク元のURL、ページタイトル、サイト説明、サムネイルなどのサイトの詳しい情報がタイムラインに表示され、ユーザーがクリックしやすくなります。Webページの拡散の主流がSNSになり、SNSへの対応なしでWebページのアクセス数増加が難しい現在では、適切なOGPを記述することが不可欠となっています。

　5-01で制作したカフェサイトのトップページに記述してみましょう。

　以下の要素はmeta要素ですので、必ずhead要素内に記述してください。

```
<meta property="og:title" content="Cafe EveryWhere">

    <meta property="og:type" content="website">

    <meta property="og:url" content="https://cafeeverwhere.jp">

    <meta property="og:image" content="thumbnail.png">

    <meta property="og:description" content="Cafe Everywhereの公式サイト。お店の情報やスペシャルメニュー
などの情報を掲載しています。">
```

OGPタグ	記述する内容
<meta property="og:title" content="タイトル">	ページのタイトル（必須）
<meta property="og:type" content="種類">	種類（必須） blog、article、websiteなど
<meta property="og:url" content="URL">	WebページのURL（必須）
<meta property="og:image" content="サムネイル画像のURL">	Webページのサムネイル画像（必須）
<meta property="og:description" content="要約文">	Webページの要約文

Facebook上のOGP反映例

280

Twitter上のOGP反映例

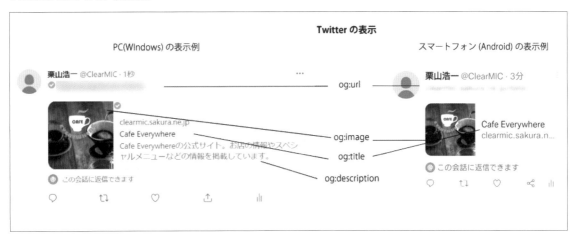

COLUMN サムネイル画像のサイズについて

Facebookで推奨されているサムネイル画像のサイズは1200px（幅）× 630px（高）ですが、画像の表示方法はいくつかのパターンがありますので、注意しないと肝心な部分がトリミングされてしまう場合があります。
現在の対応方法としては、630 ピクセルの正方形で作成し、さらに上下がトリミングされる可能性を考慮して、垂直中央位置に重要なものが配置されるようにしておきます。

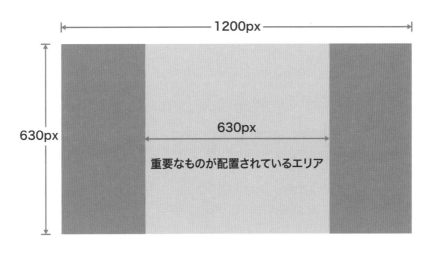

サムネイル画像のサイズ

1.SNSで古い情報が表示されたら

　OGPを使ってタイムラインの表示を最適化した際に、OGPの変更内容が反映されないことがあります。たとえば、og:imageを使ってサムネイル画像を変更しても、タイムライン上では古い画像のままで表示が変わらないというケースがあります。それを解消するために、「キャッシュのクリア」という作業を、それぞれのSNSで行います。

Facebookのキャッシュクリア方法

　Facebookでは「シェアデバッガー（https://developers.facebook.com/tools/debug/）」というツールが用意されており、ここからキャッシュをクリアすることができます。
　このツール使うときにはFacebookにあらかじめログインしておいてください。

　投稿したWebサイトのURLを入力して「デバッグ」をクリックすると、現在キャッシュに保存されている情報が表示されます。うまく表示されない場合には「もう一度スクレイピング」をクリックします。
　キャッシュをクリアするために、何回か「デバッグ」→「もう一度スクレイピング」を繰り返してみてください。

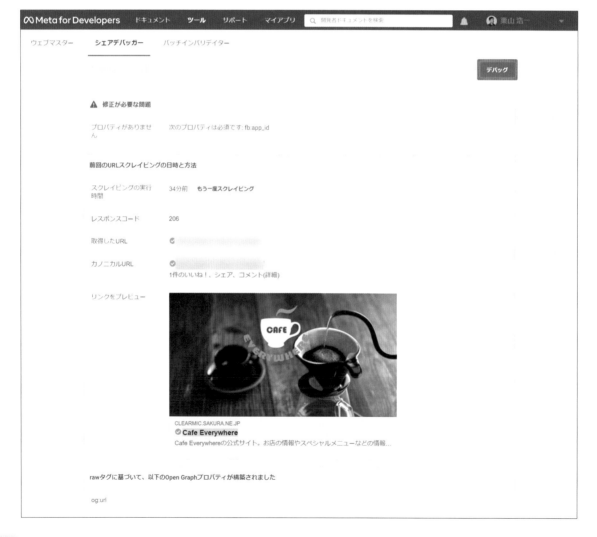

Twitterのキャッシュクリア方法

Twitterでは「Card validator – Twitter cards（https://cards-dev.twitter.com/validator）」というツールでキャッシュをクリアすることができます。

このツール使うときにはTwitterにあらかじめログインしておいてください。

Card URL欄にWebサイトのURLを入力して「Preview card」をクリックすると、現在キャッシュに保存されている情報が表示されます。

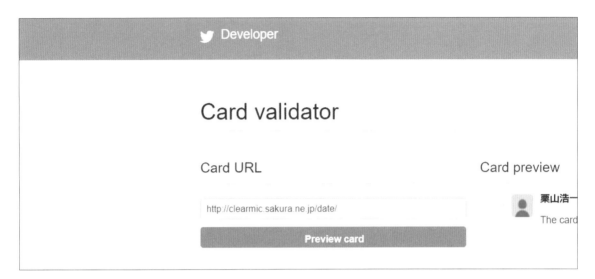

❻ UI／UXとは

1. UI（User Interface）とは

UI(User Interface)とは広い分野で使われることばで、サービスを提供するための機能であり、ユーザが操作するものの視覚デザインと考えられます。Webデザインに当てはめるのならば、以下の点が優れたUIを実現するためのポイントとなるでしょう。

優れたUIのためのWebデザイン

- ・操作しやすいボタン
- ・情報のグループがわかりやすいレイアウト
- ・内容が理解しやすい空白の取り方
- ・実行結果が想像できるメニューやボタンのラベリング
- ・直感的に理解できるアイコン
- ・目が疲れにくい配色
- ・目的に応じたナビゲーション
- ・読みやすい文章

2. UX（User Experience）とは

「UX（User Experience）」とは、UI を操作する際に得られる経験や満足感のことを指します。

　UX デザインはユーザーがサービスの目的に共感して、ポジティブな体験・満足を得られるようにユーザーの感情・行動・態度をデザインすることです。

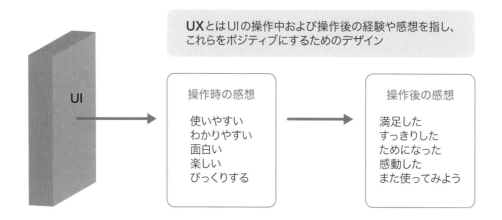

3. UX デザインのポイント

　UX デザインは、ユーザー体験をポジティブにするための施策です。ユーザー体験はさまざまなものに影響されますので、それらをユーザーに合わせて最適化する必要があります。

　情報アーキテクチャ論の先駆者であるピーター・モービル氏が 2004 年に UX を構成する 7 つの要素を提唱しました。これを「UX ハニカム」と呼び、UX の具体的な方法を考えるときに参考にされます。

インタラクティブとは

「インタラクティブ（Interactive）」とは双方向性と訳されます。Webデザインでこのことばを用いたときは、ユーザーが行った操作内容に応じて表示結果やコンピューターの動作が変わり、その結果をもとにユーザーが次の行動を決めることを指します。

つまり、コンピューターと人が対話するように操作が進められていくことによって、わかりやすい、覚えやすい、ミスしにくい操作ができる効果を生み出します。

現在、「Webは見るものではなく 体験するもの」という考え方から、UXデザインが重要となっています。ユーザーの一つ一つの動作や要求をあらかじめ想定し、それにどう応答していくかを検討しましょう。

インタラクションデザインの構成要素

トリガー Triggers	きっかけとなるユーザーの操作内容
ルール Rules	インタラクション動作の定義
フィードバック Feedbacks	ルールを実行した結果の表示
ループとモード Loops & Mode	繰り返し回数やサイクルの定義 通常の動作とは異なる設定状態

インタラクティブな効果をナビゲーションに適用するメリット

・限られたナビゲーションエリア内に、多くの情報を提示できる

・ユーザーの要求に応じてヘルプや付加的な情報を表示できる

・インパクトを与えることで操作を覚えやすくできる

メタファとは

「Material Design」は、Googleが2014年に提唱した新しいデザインの考え方で、現在のWebデザインは多かれ少なかれ、その影響を受けていると言っても過言ではありません。その中で重要な考え方としてメタファということばが使われています。「メタファ（暗喩）」とは、現実の行動を思い出させるようなUIを用いることで、初めての人でもわかりやすく、学びやすいといったことを目指していると考えています。

たとえば、問い合わせ先を表すアイコンを封筒の形にすると、郵便物を投函するといった現実の行動が想像されます。そのほかにも、落下するオブジェクトのアニメーションは、現実世界のように加速度がついた動きを付けることで、ユーザーは違和感を感じることはなくなるでしょう。

もっとも、メタファという考え方は新しいものではなく、Material Designが提唱される前から、Webデザインの基本的な項目として取り上げられています。

・メタファ利用の例

🔍	探す
⌂	ホームへ
✕	閉じる
♡	お気に入り
↓	DL
⚙	設定

索引 index

ダウンロードデータのフォルダ・ファイル名一覧

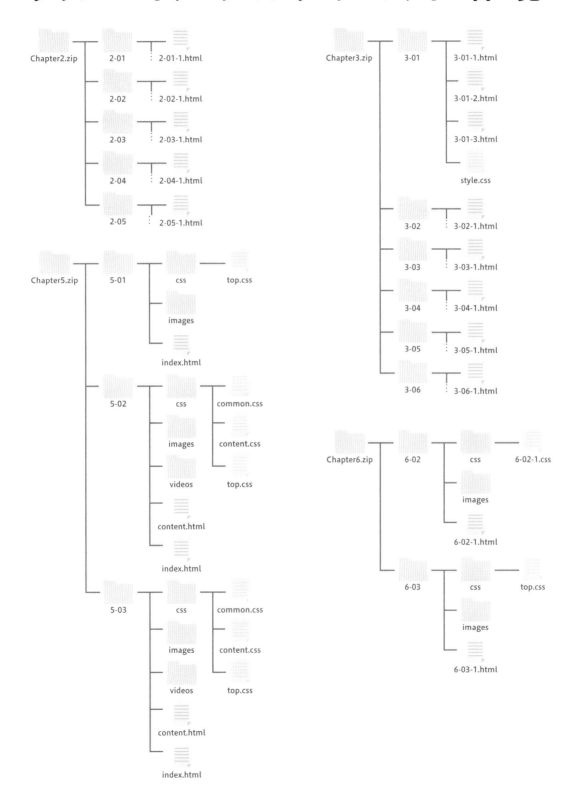

●著者

中島 俊治（なかしま　しゅんじ）

1997年、ソフトバンク入社後、GeoCities JAPAN、Yahoo!Japanほかのネットベンチャー企業勤務の後、教員の道へ。現在、複数の大学でHTML、CSS、JavaScriptの科目を担当し、サイバー大学では専任准教授を務める。Microsoft MVPアワード受賞。「なかしまぁ先生のHTML5教室」主催。
Facebook → https://www.facebook.com/NakashimaShunji

栗山 浩一（くりやま　こういち）

1992年、株式会社ジャストシステム入社。DTP商品のユーザサポート、SGML/XMLのセールスプロモーションを担当。1999年同社退社後、フリーランスとして、都内近郊のショップや企業のWebサイトの企画・デザインを行う。サイバー大学非常勤講師。

●制作スタッフ

本文デザイン：リンクアップ
DTP：リンクアップ
編集協力：リンクアップ
編集担当：柳沢裕子（ナツメ出版企画株式会社）

ナツメ社Webサイト
https://www.natsume.co.jp
書籍の最新情報（正誤情報を含む）はナツメ社Webサイトをご覧ください。

本書に関するお問い合わせは、書名・発行日・該当ページを明記の上、下記のいずれかの方法にてお送りください。電話でのお問い合わせはお受けしておりません。

・ナツメ社Webサイトの問い合わせフォーム
　https://www.natsume.co.jp/contact
・FAX（03-3291-1305）
・郵送（下記、ナツメ出版企画株式会社宛て）

なお、回答までに日にちをいただく場合があります。正誤のお問い合わせ以外の書籍内容に関する解説・個別の相談は行っておりません。あらかじめご了承ください。

ゼロから覚えるHTML・CSSとWebデザイン 魔法の教科書

2023年3月6日　初版発行

著　者　中島 俊治
　　　　栗山 浩一
発行者　田村正隆

© Nakashima Shunji , 2023
© Kuriyama Koichi , 2023

発行所　株式会社ナツメ社
東京都千代田区神田神保町1-52　ナツメ社ビル1F（〒101-0051）
電話 03-3291-1257（代表）　FAX 03-3291-5761
振替 00130-1-58661

制　作　ナツメ出版企画株式会社
東京都千代田区神田神保町1-52　ナツメ社ビル3F（〒101-0051）
電話 03-3295-3921 (代表)

印刷所　ラン印刷社

ISBN978-4-8163-7319-0
Printed in Japan

＜定価はカバーに表示してあります＞　＜乱丁・落丁本はお取り替えします＞
本書の一部または全部を著作権法で定められている範囲を超え、ナツメ出版企画株式会社に無断で複写、複製、転載、データファイル化することを禁じます。